ERDENERGIEN

GEHEIMNISSE DES UNBEKANNTEN

ERDENERGIEN

eco

INHALT

Diese Kreise, die 1987 in einem Weizenfeld in der Nähe von Winterbourne Stoke in Wiltshire erschienen, wurden zufällig von Feldhütern aus der Luft entdeckt. Ein Augenzeuge erzählte, die gegen den Uhrzeigersinn gerichtete Drehung des größten Rings von etwa 25 Metern Durchmesser sei so deutlich gewesen, daß man „sich einbilden konnte, er rotiere". Das Feld befindet sich fünf Kilometer südwestlich von Stonehenge. Forscher behaupten, daß etwa 95 Prozent der in England bekannten Kornkreise in einem Umkreis von etwa 50 Kilometern bei den alten Monolithen liegen.

Seltsame Kreise in Kornfeldern

Beim ersten Anblick der merkwürdigen Kreise sei er fast aus der Maschine gefallen, berichtete ein Pilot. Diese Kreise, die buchstäblich über Nacht fast überall auf der Welt erschienen und sich nahezu explosionsartig vermehrten, wurden zu einem der rätselhaftesten Phänomene unserer Zeit. Es begann mit zwei, drei Kreisen in den 70er Jahren und steigerte sich auf eine Gesamtzahl von etwa 750 bis Ende 1990, einem Jahr, in dem allein 500 dazu kamen.

Das flachgedrückte Getreide, das die Kreise bildet, ist in unversehrtem Zustand – als wenn die Halme erst geweicht und dann in wirbelnden Mustern zu Boden gedrückt worden seien, um anschließend wieder gehärtet zu werden. Forscher haben über zahlreiche mögliche Ursachen nachgedacht *(S. 20)* – angefangen von verrückt gewordenen Igelscharen, die sich im Kreis bewegen, bis hin zur heimlichen Landung von UFOs; einige Kornkeise beruhen unzweifelhaft auf Schabernack. Die meisten jedoch, einschließlich der hier abgebildeten, die in den englischen Grafschaften Hampshire und Wiltshire photographiert wurden, wo sich Kreise in großer Zahl manifestiert haben, scheinen stumme, wenn auch lebendige Zeugnisse dafür zu sein, daß wir noch manches über unseren Planeten und seine manchmal mysteriösen Energien zu lernen haben. Die gleisähnlichen Spuren auf den Bildern stammen von Traktoren.

Dieses Gebilde aus drei Kornkreisen wurde 1988 auf der Corhampton Downs Farm im Süden von Hampshire entdeckt. Es war das dritte Mal in vier Jahren, daß sich ein solches Phänomen auf der Farm manifestierte. Wenn das wiederholte Auftreten von Kreisen in Kornfeldern auch nicht ungewöhnlich ist, so bilden diese doch selten immer wieder das gleiche Muster. Hier war die Gerste in jedem Kreis in der Form von sieben konzentrischen Ringen flachgedrückt. Offensichtlich hatten sich bestimmte Halme wieder aufgerichtet, um 48 von der Mitte ausgehende Speichen zu bilden.

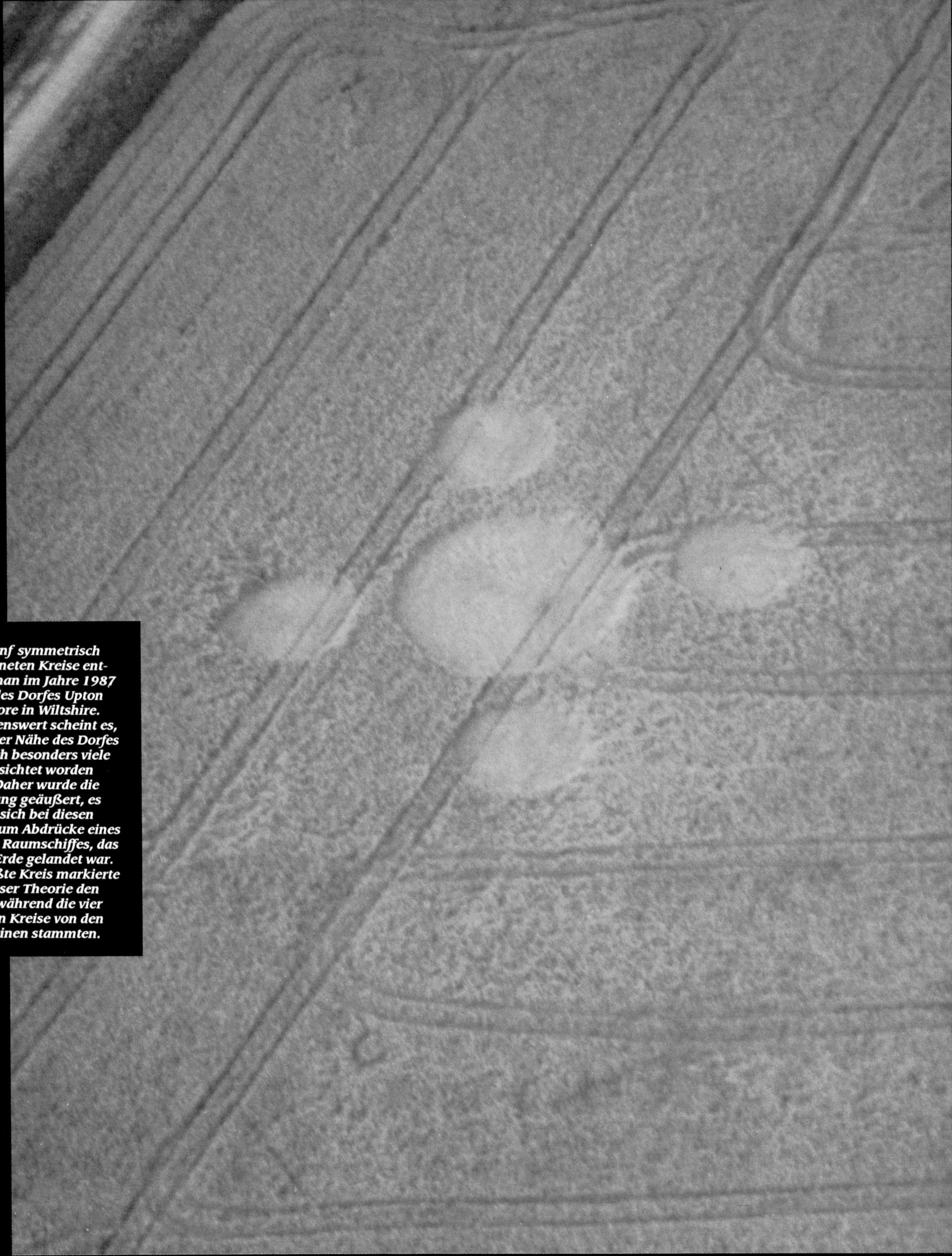

Diese fünf symmetrisch angeordneten Kreise entdeckte man im Jahre 1987 unweit des Dorfes Upton Scudamore in Wiltshire. Bemerkenswert scheint es, daß in der Nähe des Dorfes angeblich besonders viele UFOs gesichtet worden waren. Daher wurde die Vermutung geäußert, es handele sich bei diesen Kreisen um Abdrücke eines fremden Raumschiffes, das auf der Erde gelandet war. Der größte Kreis markierte nach dieser Theorie den Rumpf, während die vier kleineren Kreise von den Landebeinen stammten.

Bei der Untersuchung eines anderen Kornkreises aus dem Jahre 1987, diesmal in der Nähe des Dorfes South Wonston in Hampshire, inspizieren Forscher die spiralförmig zu Boden gedrückten Pflanzen im Zentrum. Der Kreis von etwa 15 Metern Durchmesser war von einem Jungen entdeckt worden, der auf der nahegelegenen Landstraße nach Hause geradelt war. Obwohl der Raps auf dem Feld sehr spröde und brüchige Halme hat, waren wenige Pflanzen innerhalb des Kreises abgeknickt.

Bei der Weizenernte entdeckte ein Farmer in Clatford, Hampshire, im Jahre 1988 auf seinem Feld mehr durch Zufall die beiden hier abgebildeten Kreise, die jeweils aus konzentrischen Ringen bestehen. Der Farmer, der – wie ganz links auf dem Photo zu sehen ist – schon einen Teil des Feldes abgeerntet hatte, lud daraufhin interessierte Forscher ein, sich die Sache anzusehen, bevor er die Kreise zerstörte. Wie einige Beobachter meinten, habe der obere Kreis mit seinem von vier kleineren Kreisen durchbrochenen Außenring Ähnlichkeit mit der Form eines traditionellen keltischen Kreuzes.

In Alton Barnes, Wiltshire, entdeckte man eine ganze Kette von Kornkreisen, die sich über etwa 150 Meter erstreckten. Die Kreise tauchten im Juli 1990 auf. Zu diesem Zeitpunkt bildeten sich auch erstmals rechteckige Muster. Eine Woche nach dem Fund in Alton Barnes entstand ein weiteres Ornament aus Kreisen und Linien an einer rund 25 Kilometer entfernten Stelle. Aber die Beobachter mußten zu ihrem Leidwesen bald feststellen, daß das Getreide von Menschen aus Jux niedergetrampelt worden war. Als Vorlage für das Muster hatten sie ein Horoskopbrettspiel benutzt, das sie zurückließen.

KAPITEL 1

Der Geist der Erde

Nach den verfallenen und halbverschütteten Ruinen primitiver Steinhäuser zu urteilen, die in einem nordirischen Landstrich mit dem einstigen Namen County Tyrone entdeckt wurden, ließen sich Bauern vom europäischen Festland vermutlich schon in der Jungsteinzeit, um 4700 v. Chr., in Irland nieder. Innerhalb des nächsten Jahrtausends errichteten sie Kultstätten für ihre Gottheiten und legten mächtige Hügelgräber an. Etwa um 3500 v. Chr. schufen sie in Bend on the Boyne, nicht weit entfernt von der irischen Stadt Drogheda, ein Meisterwerk – eine Anlage von außergewöhnlichen Bestattungshügeln mit mehreren Grabkammern. An einer Flußbiegung gelegen, bieten die drei von Menschenhand stammenden Hügel einen weiten Blick über das Tal. Auf dem von ihnen beherrschten Gebiet sind neben zahlreichen senkrecht emporragenden Steinen, sogenannten Menhiren, und alten Megalithkreisen weitere kleine Hügelgräber verstreut. Sie alle zeugen davon, daß das Tal lange Zeit heiliger Boden war.

Das größte Monument ist ein Grabhügel, der den Namen Newgrange trägt und wegen der starken Reaktionen, die er bei Besuchern hervorruft, mit den Ruinen von Stonehenge verglichen wurde. Viele, die erstmals hierherkommen, beeindruckt die Gestalt des archaischen Bauwerks, das erstaunlich modern anmutet; einige meinen sogar, daß es Ähnlichkeit mit einer fliegenden Untertasse habe. Die Steinfassade auf der einen Seite des Hügels ist vor einigen Jahren vollständig restauriert worden; sie erglänzt in strahlendweißem Quarz und funkelt von ferne, so daß sie dem Rumpf eines Raumschiffs täuschend ähnlich sieht. Die sanft gerundete, grasbewachsene Hügelkuppe über der Wand vervollständigt die Illusion eines UFOs. Ein kleiner Eingang inmitten der Mauer führt zu einem schmalen, etwa 19 Meter langen Durchgang, der in eine große Innenkammer mit einer vorkragenden Steindecke mündet. Drei kleinere Kammern umgeben die Hauptkammer. Über dem Eingang zum Hügelgrab sorgt eine zweite, kleinere Öffnung für Licht am äußeren Ende des Durchgangs.

Die Ruinen von Newgrange sind so alt, daß sich genaue Einzelheiten über die religiösen Riten und Zeremonien, die dort stattfanden, nicht mehr feststellen lassen. Die Archäologen sind allerdings übereinstimmend der Meinung, daß zur Wintersonnenwende auf dem Hügel mit an Sicherheit grenzender Wahrscheinlichkeit geschäftiges Treiben herrschte. Denn an diesem Tag, genau bei Tagesanbruch, fallen die Strahlen der aufgehenden

Sonne den gesamten Durchgang hinunter und erleuchten die Rückwand der großen Kammer. Dort treffen sie auf in Stein gehauene spiralförmige Reliefs. Diese Zeichensymbole erfreuen nicht nur das Auge, sondern haben überdies die Aufmerksamkeit von Anthropologen und Historikern auf sich gezogen, weil sie auch an anderen megalithischen Stätten vorkommen, die sich in ganz Nordeuropa wie auch von Spanien im Süden bis hinauf nach Schottland finden. Die genaue Bedeutung der Spiralen läßt sich schwer bestimmen; es scheint jedoch, daß sie mit dem Kult der Großen Mutter oder Muttergöttin zu tun haben. Diese archetypische Mythengestalt taucht in der einen oder anderen Form in nahezu jeder primitiven Kultur der Welt auf. Sie wird als Ursprung und Bewahrerin allen Lebens verehrt.

Die Historiker bedurften keiner großen Phantasie, um zu vermuten, daß am Morgen der Wintersonnenwende ein ortsansässiger Weiser oder religiöser Führer die Gläubigen von den Bauernhäusern rund um Newgrange in die Hauptkammer des Hügelgrabes führte. Dort begingen sie dann, umgeben von den sterblichen Überresten ihrer Ahnen, den großen Augenblick der Erneuerung. Mit Opfergaben und Rezitationen feierte die Gemeinde das erstaunliche Geschenk der Wiedergeburt, während die Sonne von neuem ihre langsame Reise in den Sommer antrat und eine neue Zeit des Wachstums versprach.

Der Grundentwurf von Newgrange ist verhältnismäßig einfach, aber seine Ausführung machte große Anstrengungen notwendig. Allein schon das Bewegen der für das Aufwerfen eines so riesigen Hügels benötigten Erdmassen und Steine muß den Einsatz eines ganzen Heeres von Arbeitern über Monate, wenn nicht Jahre erfordert haben. In vor-schriftlicher Epoche, in der Newgrange entstand – einer Zeit, die hauptsächlich durch das Aufkommen der Landwirtschaft und sonst eher bescheidene Leistungen charakterisiert ist –, war es ein Beweis außergewöhnlicher Fähigkeiten, Himmelskonstellationen genauestens vorherzubestimmen, wie es den Erbauern des Grabhügels glückte. Es ist wahrscheinlich nicht minder eindrucksvoll, daß es ihnen auch gelang, ein dauerhaftes Netz von unterirdischen Gängen und Kammern zu konstruieren. Newgrange war eindeutig das Werk von Menschen, die der von ihnen erbauten Kultstätte wichtige Bedeutung beimaßen. Erkennbar ist ebenso, daß in alter Zeit die irischen Bauern großen Respekt hatten vor den kosmischen Energien, die sie mit diesem Monument verehrten, und sich mit solchen Kräften stark identifizierten.

Trotz seiner Einfachheit veranschaulicht der Entwurf von Newgrange das zentrale Anliegen der prähistorischen Megalitherbauer in Europa. Die Menschen, welche die großen Steinkreise schufen und riesige Felsblöcke zu natürlichen Türmen aufrichteten, wollten vor allem die kontinuierliche Fruchtbarkeit der Erde gewährleisten. Sie glaubten, daß die in der Natur vorhandenen Energien heiligen Ursprungs und Ergebnis eines einst realiter stattgefundenen Zusammenschlusses von Himmel und Erde seien. Eines der am weitesten verbreiteten Symbole dieser Vereinigung in den Schöpfungsmythen der Welt ist der Pfeil des männlichen Prinzips, der in den Hügel des weiblichen Prinzips eindringt und es unverrückbar an seinen Platz heftet. Genau dieser Vorstellung wurde in Newgrange Ausdruck verliehen: Den Hügel durchdringt ein steinerner Gang, und die Erde wird jedes Jahr aufs neue durch diesen Gang mit Kraft und Licht aus dem Himmel aufgeladen, gleichsam geschwängert.

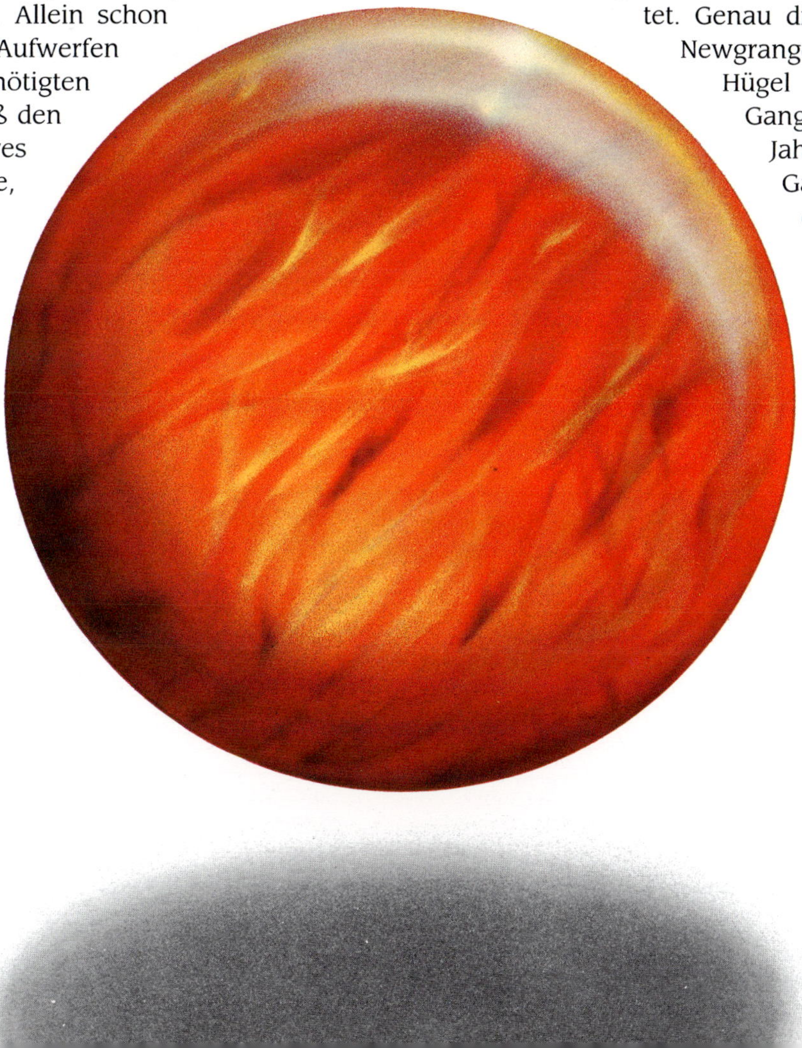

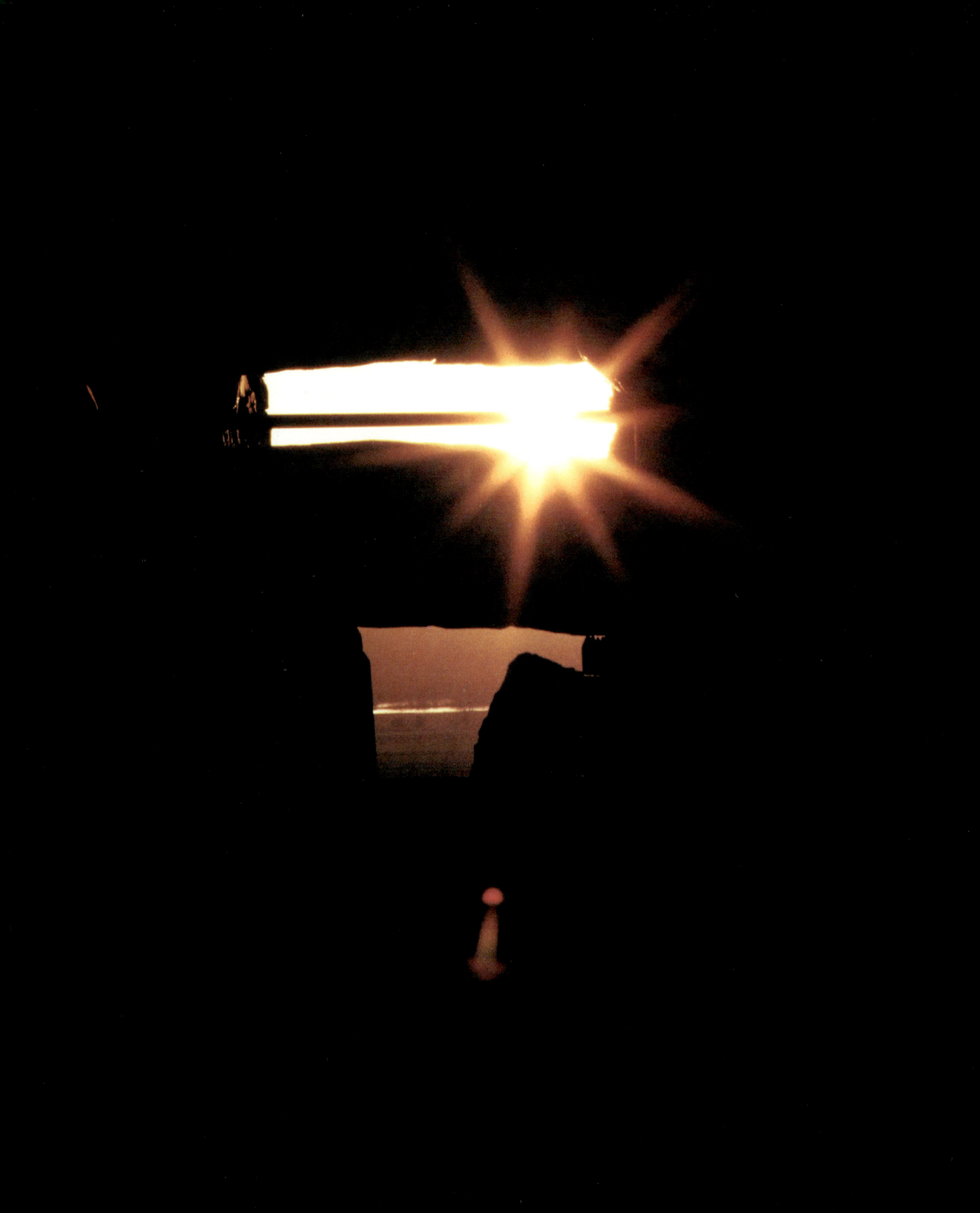

Wie an jedem 21. Dezember in den vergangenen 4000 Jahren bahnt sich das frühe Morgenlicht einen Weg in die normalerweise dunkle Grabkammer des sakralen Megalithbaus von Newgrange. Die genaue Ausrichtung des irischen Monuments auf den Lichteinfall der Wintersonnenwende läßt auf einen rituellen Zweck schließen. Historiker vermuten, daß die Erbauer der heiligen Stätte die Geister der Toten mit neuer Energie zu beleben hofften.

Nach archäologischen Funden aus Kulturen vor und nach der Jungsteinzeit zu schließen, war die Identifikation mit dem Wohlergehen der Erde, die in Newgrange zum Ausdruck kam, niemals nur auf die Sorge um die Beziehung des Planeten zur Sonne beschränkt. Die Menschen, die in großer Verbundenheit mit der Natur lebten, beherrschte das ebenso sichere Gefühl, daß Tiere, Pflanzen und besonders Bäume untereinander und mit ihnen in Beziehung standen in einer Welt, in der alles miteinander kommunizierte. Diese anderen Daseinsformen des Lebens waren zwar Lebewesen niederer Ordnung, aber weitaus mehr als bloße „biologische Maschinen". Man glaubte in der Tat, daß alle Lebewesen eine Art von Bewußtsein besäßen. In vielen Kulturen bezog man in dieses tiefverwurzelte Gefühl, auf Erden Partner von nichtmenschlichen Daseinsformen zu sein, auch geologische Formationen wie Steine, Berge, Höhlen und Bäche ein. Man betrachtete sie als Wesenheiten, als Geister, mit denen man sprach, denen man gut zuredete, zu denen man betete und denen man dankte. Sie kamen aus der Erde, ebenso wie die Geschöpfe, deren Lebendigkeit sich deutlicher manifestierte, und waren daher mit der Menschheit durch eine allen gemeinsame Lebenskraft verbunden.

Solche Empfindungen sind den meisten Menschen heute fremd, besonders Städtern, die in der Regel keinen allzu intensiven Kontakt mit der Natur haben. Aber das uralte untergründige Gespür, *mit* der Erde statt *auf* ihr zu leben, ist niemals völlig verschwunden. Bis auf den heutigen Tag halten sich die Navajo-Indianer im Südwesten der Vereinigten Staaten beispielsweise weder für wichtiger noch für weniger wichtig als ein Beifußkraut oder einen Windstoß. Die verschiedenen Pflanzen, Tiere und Formen der Natur werden als „heiliges Volk" betrachtet und die Erde als dessen lebendige, nährende und geduldige Mutter.

Die Überzeugung, daß die Erde ein lebendiges Wesen mit einem unveränderlichen Geist und seelischen Energien sei, war weit verbreitet. Die besonderen Bezirke, in denen dieser Geist hervortrat oder am stärksten spürbar wurde, galten als heilige Orte, und die Bemühungen, die Kräfte des Erdgeistes zu erkunden und mit ihm zu leben, fanden ihren Ausdruck in den Prinzipien der Geomantie. Von jeher haben die Menschen Richtlinien aufgestellt, um ihre Siedlungen so zu gestalten, daß sie nicht die der Erde innewohnenden Kräfte störten. Zu den ältesten und institutionalisiertesten dieser geomantischen Systeme gehört die chinesische Tradition des *Feng Shui*. Eine jüngere und hochaktuelle wissenschaftliche Disziplin, die sich teilweise mit vergleichbaren und ähnlichen Fragen beschäftigt, ist die Ökologie.

Nachdem eine zunehmende Zahl von Wissenschaftlern zu dem Schluß gekommen ist, daß die Erde als Lebensraum des Menschen ernsthaft bedroht sei, haben der Glaube und das vergessene Wissen früherer Zeiten neuerdings wieder an Bedeutung und Überzeugungskraft gewonnen. Das heißt nicht, daß Biologen oder Meteorologen ihre wissenschaftlichen Verfahren revidieren, um mit den Geistern der Bäume und Berge zu kommunizieren – obwohl dies einige Umweltschützer und manche Anhänger der sogenannten New-Age-Philosophie durchaus empfehlen. Gleichwohl ist man in Wissenschaftskreisen inzwischen so alarmiert von Zeichen, die als Vorboten einer globalen Katastrophe gelten – vor allem von der partiellen Zerstörung der Ozonschicht innerhalb der Erdatmosphäre und dem langsamen Temperaturanstieg auf der Erdkugel –, daß zahlreiche Forscher zu einer überkommenen Auffassung von unserem Planeten zurückgefunden haben. Ihre neue Hypothese, die nach einer alten griechischen Göttin, dem Symbol der Muttergottheit, als Gaia-Theorie bezeichnet wird, besagt, daß der gesamte Planet ein lebendiger Organismus sei. Die Befürworter dieser These hoffen, daß ihr Konzept von der Erde einen Ausweg bietet aus der sich anbahnenden Umweltkatastrophe.

Sollten die Gaia-Theoretiker recht haben und der Erhalt des menschlichen Lebens tatsächlich von der Rückkehr zu einer althergebrachten Weltsicht abhängen, dann macht die Tatsache, daß solch traditionelle Sichtweise sich ja bereits als ungewöhnlich dauerhaft erwiesen hat, zumindest entsprechend Mut. So äußerte schon der Alchimist Basilius Valentinus im 15. Jahrhundert Ansichten, die ebenso von Denkern im Alten Ägypten oder im Europa der Jungsteinzeit hätten stammen können. „Die Erde ist kein toter Körper", schrieb Valentinus, „sondern wird von einem Geist bewohnt, der ihr Leben und ihre Seele ist. Die gesamte Schöpfung, einschließlich der Gesteine, bezieht ihre Kraft aus dem Erdgeist. Dieser Geist ist das Leben. Er wird von den Sternen genährt, und er gibt allem Lebendigen Nahrung, das er in seinem Schoß behütet." Die in diesen Worten enthaltene

Ein altes, bis heute rätselhaftes Phänomen

Die Kreise in Getreidefeldern, die überall auf der Welt, besonders häufig aber – wie der hier abgebildete – im ländlichen England *(S. 6–15)* anzutreffen sind, bedürfen immer noch einer schlüssigen Erklärung. Das Flugblatt aus dem Jahre 1678 *(rechts)* bezeichnete die Kreise als Werk des Teufels. Neuere Spekulationen machen außerirdische Besucher für die Zeichen verantwortlich – eine Theorie, die selbst bei UFO-Forschern ziemlich umstritten ist.

Hypothesen, nach denen die mysteriösen Spiralen durch Feldtiere, Vögel oder auch unbekannte Pflanzenviren entstehen, sind gleichfalls unbefriedigend, da sie nicht die exakten Ränder der Kreise erklären können. Schlicht von Schabernack auszugehen – der vermutlich in vielen Fällen des Rätsels Lösung ist – erscheint angesichts Hunderter von Kornkreisen, über die schon berichtet wurde, bevor das öffentliche Interesse an dem seltsamen Phänomen erwachte, ebensowenig überzeugend.

Zum gegenwärtigen Zeitpunkt ist vermutlich die von dem britischen Meteorologen Terence Meaden entwickelte Erklärung am plausibelsten. Nach seiner „Plasmawirbel-Theorie" können positiv aufgeladene, rotierende Luftmassen, die von Winden über Hügeln erzeugt werden, das Getreide in jedes der vorgefundenen Kreismuster bringen *(rechts)*. Meadens Theorie würde auch das Licht und das Prickeln erklären, das manche unweit neu entstandener Kreise wahrzunehmen behaupten.

Doch selbst Meadens Theorie bietet nicht für alle Aspekte des Phänomens eine überzeugende Erklärung. Rätselhaft bleibt zum Beispiel, wie ein heftiger Wirbel – der lediglich einige wenige Sekunden auftritt – die spröden, brüchigen Halme krümmen kann, ohne sie zu zerbrechen.

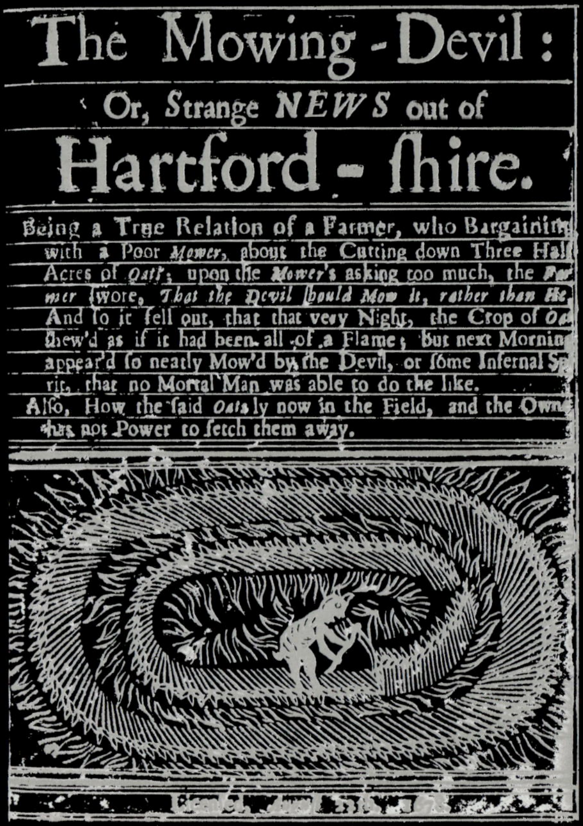

The Mowing-Devil: Or, Strange NEWS out of Hartford-ſhire.

Being a True Relation of a Farmer, who Bargainin[g] with a Poor Mower, about the Cutting down Three Hal[f] Acres of Oats; upon the Mower's asking too much, the Far[mer] swore, That the Devil should Mow it, rather than He. And so it fell out, that that very Night, the Crop of Oa[ts] shew'd as if it had been all of a Flame; but next Morning appear'd so neatly Mow'd by the Devil, or ſome Infernal Sp[i]rit, that no Mortal Man was able to do the like. Alſo, How the ſaid Oats ly now in the Field, and the Own[er] has not Power to fetch them away.

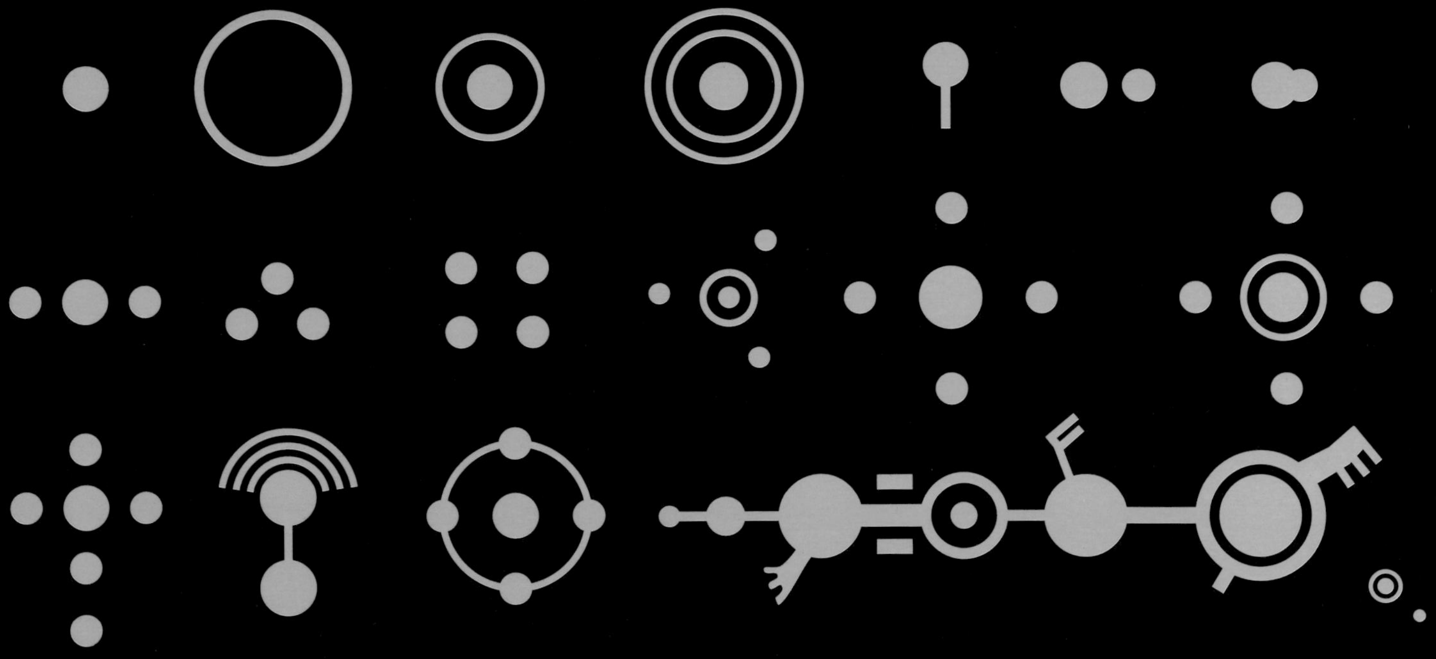

Jede Theorie über die Entstehung der Kornkreise, die in England, Frankreich, Kanada und anderswo entdeckt wurden, muß ihren unterschiedlichen Mustern (oben) Rechnung tragen. Einige Forscher glauben, daß Figuren wie das Kreuz links unten auf Schabernack beruhen.

Die Ausrichtung des zu Boden gedrückten Getreides ist ebenso unterschiedlich wie die gebildeten Muster. Mal verlaufen die Halme mit, mal gegen den Uhrzeigersinn oder zeichnen die Form eines S (unten, zweite Figur von links), können aber auch vom Mittelpunkt nach außen oder in entgegengesetzte Richtungen (unten rechts) gebogen sein.

Botschaft des Alchimisten reflektiert Mythen, die schon dessen Ahnen geholfen hatten, sich mit ihrer Existenz auf Erden abzufinden. Den alten Völkern erschien es als Ironie, daß sie auf einem Planeten lebten, der alles Leben gab und es ebenso beharrlich und unwiderruflich wieder nahm.

In vielen alten Schöpfungsmythen gebiert eine weibliche Gottheit selbst das Leben auf der Erde und ist von da an für Glück und Schmerz direkt verantwortlich. Von Skandinavien über China und Afrika bis nach Nord- und Südamerika erzählen zahllose Mythen von einer solchen Göttin. Eine der bekanntesten Gottheiten ist die bereits erwähnte griechische Göttin Gaia, die der griechischen Mythologie zufolge nach Chaos geboren wurde. Aus Chaos gingen die Nacht, der Tod und die Ungewißheit hervor. Gaia, die Erde, gebar Uranus, den Sternenhimmel. Dieser wurde ihr ebenbürtig und war groß genug, um sie ganz zu bedecken. Dann brachte Gaia die Berge, die Hügel und das Meer zur Welt.

Chaos und seine Nachkommen suchten weiterhin die Erde heim, doch Gaia milderte ihre Schrecken, indem sie eine Gegenordnung schuf, die in ihrem Einflußbereich für eine gewisse Logik sorgte. Aus Gaias Verbindung mit Uranus gingen beider Kinder, die Titanen, hervor, und so nahmen die vertrauten Geschichten um Zeus und die vielen anderen Götter, welche die Geschicke der Sterblichen lenkten, ihren Anfang. Obwohl Gaia mächtig war und sich den Menschen in Orakeln offenbarte, verblaßte sie als relativ passive Figur im Hintergrund. Sie hatte ihr Werk getan und zog sich vom Geschehen zurück.

Hesiod, der früheste bekannte Chronist dieser Taten, hegte eher unfreundliche Gedanken gegenüber Gaia. Ihm erschienen die Göttin wie auch die Welt, die sie repräsentierte, als nicht sonderlich wohlwollend und freigebig. Eine Hymne Homers vermittelt hingegen eine positivere Einstellung. Sie preist die Erde als unser aller Mutter, „die alles ernährt, was in der Welt lebt ... Du, o Königin, segnest die Menschen in ihren Kindern, segnest sie in ihren Ernten." Der Dichter gedachte anschließend einer Eigenschaft der Erde, die in der Mythologie niemals unerwähnt blieb: „Dein ist es, den Sterblichen das Leben zu schenken und wieder zu nehmen." Die Ambivalenz in der Haltung der Griechen zu dieser Göttin mag daher rühren, daß Hesiod oder Homer den Mythos von der Erdmutter nicht erfunden, sondern übernommen hatten. Zu der Zeit, als die Verehrung der Göttin bei den Griechen Brauch wurde, hatte ihr Bild bereits einen dramatischen Wandel erfahren – durch einen Prozeß, der den Mythenforschern bestens vertraut ist. Allem Anschein nach versuchen spätere Generationen, Potentaten oder siegreiche Dynastien – gewissermaßen „routinemäßig" – die Vorstellungswelt ihrer Vorgänger zu verdrängen oder den Glauben der eroberten Untertanen auszurotten, indem sie deren Götter vernichten oder verunglimpfen. Zu Lebzeiten Hesiods und Homers wurde das griechische Pantheon von kriegerischen Gottheiten männlichen Geschlechts beherrscht, während Göttinnen eine eher marginale Rolle spielten.

Die Ruinen von Newgrange und eine ganze Reihe anderer archäologischer Funde machen jedoch deutlich, daß die Bedeutung der Erdgöttin einstmals keineswegs zweitrangig war. In der Jungsteinzeit wurde die Erde in den meisten Kulturen als weiblich angesehen. Der Zusammenhang zwischen der Erde und dem menschlichen Mutterschoß als den Orten, wo sich aus dem Samen das neue Leben entwikkelt, war zu offenkundig, um ignoriert zu werden. Wie es scheint, wurde dieses weibliche Prinzip schon viel früher, noch während der Altsteinzeit, begründet. Museen in der ganzen Welt sind reich an kleinen Figurinen aus dieser lange zurückliegenden Ära, was auf die Wichtigkeit der Göttin hindeutet. Die berühmteste dieser symbolträchtigen Figuren ist die Venus von Willendorf.

Es besteht kein Zweifel, daß es sich bei der etwa zehn Zentimeter großen, aus Stein gemeißelten Statuette, bei der Brüste und Hüften besonders betont sind, um ein Symbol der Fruchtbarkeit handelt. Unter Fachleuten umstritten ist, ob die Figur auch eine Göttin darstellt. Viele Wissenschaftler sind allerdings überzeugt davon, zumal eine Gruppe zeitlich

Diese beiden Skulpturen aus der Jungsteinzeit reflektieren die uralte Beschäftigung mit den Kräften der Muttergöttin. Die rund 4300 Jahre alte maltesische Figur links ist kopf-, aber nicht geschlechtslos. Die den Leib haltenden Arme und die fülligen Proportionen geben einen deutlichen Hinweis auf ihre Fruchtbarkeit. Die hochschwangere Figur rechts stammt aus der Türkei und geht in etwa auf das Jahr 2000 v. Chr. zurück. Kindergesichter auf ihrem Bauch erklären ihren übertriebenen Umfang.

wenig später entstandener Figuren die These zu stützen scheint. Diese Skulpturen sind realistische Abbildungen schwangerer Frauen, von denen einige Masken tragen. In der Kunst jener Epoche bedeuteten Masken in aller Regel, daß die Träger Gottheiten verkörperten oder schamanisch zu Gottheiten „wurden" – sei es auch nur für die Dauer des Rituals. Es gibt Indizien dafür, daß spätestens um das Jahr 7000 v. Chr. die Erde fast überall als Göttin verehrt wurde. Etwa 5000 Jahre lang beherrschte die Analogie zwischen der Erde und dem weiblichen Körper als Quelle des Lebens und der Nahrung, der Stärke und des Schutzes das religiöse und künstlerische Denken.

Die Kraft, die der Vorstellung von der Erde als Mutter innewohnt, ist noch gegenwärtig in den Göttinnenmythen, die bis in unsere Zeit überlebt haben. Niemand faßte das Gefühl der innigen Verbundenheit mit der Erde leidenschaftlicher in Worte als – gegen Ende des 19. Jahrhunderts – der heilige Mann der Sioux-Indianer, Smohalla. Zutiefst empört über die Lebensweise der Europäer, die sich auf indianischem Stammesgebiet niedergelassen hatten, geißelte Smohalla es als „eine Sünde, unsere gemeinsame Mutter durch Ackerbau zu verwunden oder einzuschneiden, an ihr zu zerren oder in ihr zu scharren ... Ihr sagt, ich soll in der Erde graben. Soll ich ein Messer nehmen und es meiner Mutter ins Herz stoßen? Wenn ich aber einst sterbe, wird sie mich nicht mehr in ihren Schoß aufnehmen. Ihr sagt, ich soll graben und die Steine herausholen. Muß ich ihr Fleisch verstümmeln, um zu ihren Knochen vorzudringen? Dann kann ich niemals mehr in ihren Körper eingehen und wiedergeboren werden. Ihr sagt mir, ich soll das Gras und das Korn schneiden und es verkaufen, um so reich zu werden wie der Weiße Mann. Aber wie kann ich es wagen, das Haar meiner Mutter zu stutzen?"

Für Smohalla waren das Gestein der Erde die Knochen seiner Mutter, der Boden ihr Fleisch und die Vegetation ihre Haare. Parallelen zu dieser Vorstellung finden sich in anderen Kulturen. Bis auf den heutigen Tag betrachten beispielsweise viele polnische Bauern es als Sünde, den Boden vor Ende März umzugraben. Bis dahin hält man die Erde für schwanger. In einigen ländlichen Gebieten Europas glaubte man bis weit in dieses Jahrhundert hinein, daß die Seelen der noch ungeborenen Kinder in der Erde wohnten, zusammen mit dem Geist der Erde oder als dessen Teil. Und in den Schöpfungsmythen vieler Indianerstämme – etwa der Navajo und der Zuni, um nur zwei zu nennen – verbringt die Menschheit einen beträchtlichen Teil ihrer Vergangenheit in einem unentwickelten Embryonalstadium. Von den Körpern und Seelen der gesamten Menschheit heißt es, daß sie unterirdisch im Schoß von Mutter Erde leben, aus dem sie dann geboren und Teil der uns bekannten Welt werden.

Der bedeutende rumänische Wissenschaftler Mircea Eliade, der umfangreiche Schriften zur Religions- und Mythengeschichte verfaßte, stellte fest, daß Geschichten über Menschen, die direkt aus der Erde hervorgehen, fast überall verbreitet sind. In einigen Sprachen, so merkte er an, seien die Begriffe „Mensch" und „erdgeboren" identisch. Darüber hinaus lebten viele volkstümliche Sagen über Säuglinge, die aus Flüssen, Grotten, Sümpfen und Höhlen kämen und ihren Müttern von Störchen, Fröschen, Fischen und anderen Tieren übergeben würden, in den abergläubischen Vorstellungen des 20. Jahrhunderts fort. Mit diesen Legenden gehe auch der Glaube an die Kraft bestimmter Steine oder Quellen einher, Frauen zu helfen, deren Wunsch es sei, ein Kind zu empfangen. Eliade hielt es für einen Fehler, solche Vorstellungen einfach als Märchen oder naive Erklärungen der menschlichen Fortpflanzung abzutun. „Die Wirklichkeit ist nicht so einfach", schrieb er. „Selbst bei den Europäern von heute hält sich ein dunkles Gefühl der mystischen Einheit mit der Heimaterde; und dabei handelt es sich nicht bloß um ein profanes Gefühl der Liebe für das eigene Land oder für die Vorfahren, die seit Generationen rund um die Dorfkirche begraben werden." Nach Eliades Ansicht ist in der männlichen ebenso wie in der weiblichen Psyche die tiefe Überzeugung verborgen, daß das menschliche Leben letztendlich dem Boden entspringe – gleich den Bäumen, Blumen oder Flüssen. Dieses instinktive Wissen, das er als „kosmo-biologische Erfahrung" beschrieb, gebe den Menschen das starke Gefühl, am Ort ihrer Geburt verwurzelt zu sein. Dieses innere Gefühl der Zugehörigkeit sei stärker als alle anderen Bande, seien es die der Familie oder der Nationalität. Unter anderem flöße es Menschen die Sehnsucht ein, in ihrem Heimatland begraben zu werden.

Ein anderer großer Mythenforscher, der populäre amerikanische Wissenschaftler Joseph Campbell, glaubte, daß einer der allerersten abstrakten Gedanken der vorgeschicht-

Das ewige Geheimnis der Pyramiden

Die Pyramiden geben auch noch Tausende von Jahren nach ihrer Erbauung in der ägyptischen Wüste zu Legenden über mysteriöse Energien Anlaß, die hier angeblich in Stein gebannt wurden. Obwohl sich keines der ihnen zugeschriebenen Wunder jemals nachweisen ließ, haben die Pyramiden zumindest gezeigt, daß sie eine außergewöhnliche Macht über die menschliche Einbildungskraft besitzen.

Als Symbol der geheimen Freimaurerlogen wurde eine Pyramide im 18. Jahrhundert von freimaurerischen Patrioten in das Große Siegel der Vereinigten Staaten aufgenommen. Das Abbild existiert immer noch auf der Rückseite der Ein-Dollar-Note. Im 19. Jahrhundert entdeckten britische Ägyptologen Anspielungen auf ein altes Längenmaß, daß sie „Pyramidenzoll" nannten. Berechnungen, die auf dieser vergessenen Maßeinheit fußten, führten unter anderem auch zu der Vorhersage, daß das Ende der Welt im Jahre 1874 zu erwarten sei – eine Prognose, die nacheinander auf 1914, 1920 und schließlich 1925 verschoben wurde.

Nachdem das Jahr 1925 gekommen und wieder vergangen war, wandten sich die Erforscher des Paranormalen mehr der Pyramidengestalt selbst zu. Im Jahre 1940 besuchte der französische Okkultist Antoine Bovis Ägypten und überzeugte sich davon, daß streunende Katzen, die in der Großen Pyramide starben, einen Prozeß natürlicher Mumifizierung durchmachten. Später behauptete er, unter einer kleinen Pyramide aus Holz Schlangen, Frösche und Eidechsen konserviert zu haben. Von Bovis' Experimenten inspiriert, erfand der tschechische Rundfunkingenieur Karl Drbal eine Pyramide aus Karton, um Rasierklingen aufzubewahren. Laut Drbal blieben die Klingen in diesem Behälter ständig scharf.

Von ebenso wohltuenden Wirkungen wußte der amerikanische Filmstar Gloria Swanson zu berichten. Im Jahre 1973 gestand sie der Zeitschrift *Time*, daß sie unter ihrem Bett eine kleine Pyramide aufgestellt habe. Sie behauptete, daß diese bewirke, daß all ihre Körperzellen beim Erwachen prickelten. Zu etwa der gleichen Zeit machten Wissenschaftler in Kalifornien ähnliche Aussagen nach Experimenten, bei denen Versuchspersonen in hohlen Pyramiden meditiert hatten.

Objektive Tests der Pyramidenkräfte haben die enthusiastischen Behauptungen nicht immer erhärtet. Im französischen Lille endete ein 1986 durchgeführtes Experiment zur Untersuchung der Frage, ob Pyramiden die Qualität von Wein verbessern könnten, mit einem eher gemischten Ergebnis. Man teilte eine bestimmte Menge Wein in gleiche Teile, wobei die eine Hälfte der Flaschen mehrere Tage in einer Pyramide aus Plexiglas aufbewahrt wurde. Anschließend gab man die Weine einem Expertengremium zu kosten, das sie auf einer Skala von 1 bis 4 bewertete: Die „Pyramiden-Weine" übertrafen die gewöhnlichen Weine um 2,24 bis 2,43 Punkte. Dieser Erfolg wurde allerdings bei einem zweiten Durchgang entscheidend getrübt, bei dem die „Pyramiden-Weine" ziemlich deutlich mit einer Spanne von 2,49 bis 2,56 Punkten den etwas bizarren Wettbewerb verloren.

lichen Menschen in der Vorstellung bestand, daß durch die Beerdigung eine Rückkehr in den Mutterschoß stattfinde, wodurch die Wiedergeburt möglich werde. Campbell führte als Beweis bestimmte Funde aus den Gräbern des *Homo sapiens neanderthalensis* an, eines entfernteren Vorfahren unserer eigenen Spezies, der etwa von 200000 bis 75000 v. Chr. lebte. Die Gräber der Neanderthaler enthielten oft Vorräte für ein Leben nach dem Tode und waren gewöhnlich sorgfältig in einer Ost-West-Achse ausgerichtet, vermutlich weil die Sonne auf diesem Weg jeden Tag neu geboren wurde. Am aufschlußreichsten ist in diesem Zusammenhang jedoch, daß man die Skelette häufig in der Stellung eines Fötus zusammengebunden vorfand. Wenn Campbell mit seiner Interpretation recht hat, dann ist mit hoher Wahrscheinlichkeit davon auszugehen, daß die Menschheit das tiefe Gefühl der absoluten Identifikation mit den Kräften der Erde von dem frühesten Vertreter ihrer Art, dem *Homo sapiens*, geerbt hat.

Aus diesem Urgefühl der Verbundenheit und der damit einhergehenden Vorstellung, daß die menschliche Mutter der Ersatz für die Mutter Erde ist, entwickelten sich viele Bräuche und volkstümliche Überzeugungen. Bei einigen Stämmen in entlegenen Regionen Australiens, Afrikas, Chinas und Südamerikas gilt es immer noch als geboten, daß Mütter auf dem Boden liegend ihre Kinder zur Welt bringen. Eine Variation dieses Brauchs besteht darin, daß die Mutter als Anerkennung der wahren Herkunft des Kindes ihr Neugeborenes direkt nach der Geburt auf die Erde legt. Bei den heutigen Hopi-Indianern erhält ein Kind erst 20 Tage nach der Geburt einen Namen. Während der Zeremonie wird dem Kind eine makellose Kornähre, seine sogenannte „Mutterähre", übergeben. Für die Hopis ist diese Kornähre nicht nur ein Symbol, sondern Teil der Großen Mutter und wird von dem Empfänger sein ganzes Leben lang als spiritueller Führer geachtet. Die Namenszeremonie findet mit der Morgendämmerung ihren Abschluß; dann bringt man das Kind ins Freie, damit es seinem spirituellen Vater, der Sonne, begegnet.

Gelegentlich wird eine Mutter natürlich ärgerlich über das ungezogene Verhalten ihrer Kinder, und die Große Mutter hielt man in dieser Hinsicht nicht für eine Ausnahme. In vielen Kulturen galt es demzufolge als Notwendigkeit, der Erdgöttin Opfer zu bringen, um die dauerhafte Fruchtbarkeit des Bodens sicherzustellen oder um die Dinge des Lebens nach einem schrecklichen Naturereignis, wie etwa einem Erdbeben oder einer Dürre, wieder ins Lot zu bringen. Die Römer beispielsweise pflegten ihrer Erdgöttin Tellus oder Terra Mater trächtige Säue zu opfern. In einigen Kulturen, etwa in Teilen des alten Indien und bei den Azteken in Zentralamerika, waren sogar Menschenopfer gebräuchlich.

In manchen Kulturen repräsentierte die gute Mutter Erde auch die Gerechtigkeit und das soziale Gewissen. Bei slawischen Bauern war es beispielsweise eine lange Tradition, die Erde bei allen Streitigkeiten um Land oder Eigentum als Zeugin anzurufen. Wenn ein Prozeßteilnehmer seine Darstellung des Sachverhalts mit einem Klumpen Erde auf dem Haupt durch einen Eid beschwor, galten seine Aussagen und Behauptungen als unanfechtbar. In nicht unähnlicher Weise verließen sich mehrere Stämme in Afrika darauf, daß diese Erde mit Sicherheit alle Verstöße gegen die Moral rächte. So glaubten sie zum Beispiel, daß der Geist der Erde durch das Vergießen von menschlichem Blut tief beleidigt würde und vom Beleidiger ein Sühneopfer forderte. Ein Dorfbeamter, der speziell für Angelegenheiten

dieser Art zuständig war, legte eine angemessene Strafe fest, die im Töten einer Ziege oder eines anderen Haustiers bestehen konnte. Interessanterweise erhielt der Verwundete oder die Familie des Mordopfers keinerlei Entschädigung. Es ging einzig und allein darum, den Zorn der Mutter Erde zu besänftigen und sie friedlich zu stimmen.

Wenn auch einige Kulturen den ganzen Planeten für heilig hielten, so gab es dennoch in allen Teilen der Welt bestimmte Orte, die sich dadurch auszeichneten, daß sie den Menschen zu helfen schienen, sich im Einklang mit der Energie oder dem Geist der Erde zu fühlen. Wie etwa in Newgrange verbanden sich an solchen heiligen Orten, so glaubte man, die Kräfte von Himmel und Erde. Ihr Nimbus vergrößerte sich noch, wenn sich herumsprach, daß dort der Menschheit die göttliche Weisheit übermittelt werde. Durch die Zusammenkunft von Göttlichem und Sterblichem lernten die Menschen angeblich, sich zu ernähren und alles Lebensnotwendige sicherzustellen. Die Rituale, die an zahlreichen heiligen Stätten zelebriert wurden, schufen den Prozeß nach, durch den solches Wissen erworben wurde.

Heilige Stätten können auf vielfältige Weise charakterisiert sein. Es kann sich dabei um einen Ort von außergewöhnlicher Naturschönheit handeln, aber auch um profane Felsvorsprünge oder Haine. Berge galten ebenfalls häufig als heilig – was verständlich ist, da sie Erde und Himmel zu verbinden scheinen. Viele Gipfel wurden als Orte verehrt, an denen der Himmel die Erde mit neuer Energie auflud. Für die Christen war Golgota – der Kalvarienberg vor den Toren Jerusalems, wo Jesus gekreuzigt wurde – der höchste Punkt eines kosmischen Berges und zugleich die Geburts- und Begräbnisstätte Adams, mithin ein Ort mehrerer bedeutender biblischer Ereignisse, denn das Kreuz Jesu Christi konnte so auf dem Grab des Menschen errichtet werden, für dessen Erlösung Jesus auf die Welt gekommen war. Der Gipfel wiederum, der im Westen Mount Everest genannt wird und dessen Besteigung als physische Herausforderung gilt, heißt bei den einheimischen Nepalesen Chomo-Lungma und wird als der Mutterberg des Universums verehrt.

Ein gemeinsames Charakteristikum vieler heiliger Orte ist die klare und eindeutige Markierung, die den heiligen Boden vom Weltlichen trennt. Nach Ansicht Mircea Eliades machte erst die Abgrenzung der beiden Sphären voneinander den geheimnisvollen Nimbus eines heiligen Ortes aus. Besuchern wurde dadurch suggeriert, daß das Zusammenkommen von Göttern und Sterblichen, das der Stätte ihre ursprüngliche Weihe gegeben hatte, kein einmaliges Ereignis war, sondern sich fortlaufend wiederholte und so den Platz kontinuierlich mit besonderer Kraft erfüllte. Einige Indianerstämme in Nord- und Südamerika gehorchen bis auf den heutigen Tag dem Brauch, zu den Stätten zurückzukehren, die der Überlieferung nach als Herkunftsorte ihrer Ahnen gelten. Damit verbinden sie die Hoffnung, ihre Vitalität wiederherzustellen. Eliade zufolge wurde der heilige Platz der Indianer zu „einer unerschöpflichen Quelle von Kraft und Heiligkeit und ermöglichte es den Menschen, nur durch reines Betreten an der Kraft teilzuhaben und Zwiesprache mit der Heiligkeit zu halten". In den meisten religiösen und volkstümlichen Überlieferungen werden heilige Orte nicht von den Menschen ausgewählt, sondern ihnen auf irgendeine Weise offenbart. Häufig werden sie durch die Vermittlung eines Heiligen oder eines Eremiten gefunden. El-Hemel in der Wüste von Zentraltunesien ist zum Beispiel die heilige Stätte einiger Sekten. Sie wurde angeblich offenbart, als ein muslimischer Asket im 16. Jahrhundert dort eine Nacht rastete. Bevor sich der Eremit zur

Zwei kleine etruskische Bronzefiguren aus dem 4. und 5. Jahrhundert v. Chr. zeigen einen Priester und einen pflügenden Bauern. Beide spielten bei der Planung einer neuen Stadt eine wichtige Rolle. Der Priester half bei der Suche nach einem günstigen Standort und vollzog die notwendigen Rituale, um die Erdgeister zu besänftigen. Der pflügende Bauer hob einen Graben für die Stadtmauern aus, in den man dann Opfergaben legte, um die Stadt mit der Erde in Harmonie zu bringen.

Kleidungsstücke, die von Pilgern in einem symbolischen Akt der Aufgabe ihres alten Selbst abgelegt wurden, sind auf den Hängen unterhalb des Berges Kailas in Tibet verstreut. Nach einer Bestimmung in der Sanskrit-Literatur ist der Kailas sowohl den Buddhisten wie auch den Hinduisten heilig. „Einmal um den Kailas herumzugehen tilgt die Sünden eines Lebens", erklärte einmal ein westlicher Anhänger. Würde man den Himalaja-Gipfel 108mal umrunden, so fügte er hinzu, dann könne man schon in diesem Leben das Nirwana erreichen.

Ruhe legte – so die Legende –, steckte er die Spitze seines Wanderstabs in den weichen Boden neben einer Quelle. Am nächsten Morgen stellte er bei seinem Erwachen fest, daß der Stab Wurzeln geschlagen hatte und Knospen aus ihm hervorsprossen. Der heilige Mann nahm dies als Zeichen, an dem Ort zu bleiben, um nach der spirituellen Erfüllung zu streben. Vergleichbare Geschichten gibt es auch in der christlichen Überlieferung. Sie bilden die Basis einiger der meistverehrten Stätten des Christentums.

Die Entdeckung anderer heiliger Orte war manchmal an eine etwas aktivere Suche geknüpft und beruhte auf Omen, die man aus dem Verhalten von Tieren herauslas. Offenbar gründete sich die Errichtung einiger heiliger Stätten auf so scheinbar triviale Zeichen wie das Fehlen von Insekten oder Ungeziefer. In anderen Fällen wurde ein Tier, ein Bulle beispielsweise, losgelassen, um ein paar Tage nach Belieben umherzulaufen. Wenn man das Tier schließlich erlegte, wurde es sofort geopfert, und die Opferstätte galt von da an als besonderer oder geheiligter Boden. Der berühmteste heilige Ort, der jemals von Tieren aufgespürt wurde, war das große hellenische Heiligtum zu Delphi.

Berichten des Chronisten Diodorus Siculus zufolge entdeckten Ziegen als erste die Kräfte in der Schlucht, die später zum Sitz des berühmten Orakels wurde. Sobald die Herden sich dem Rand der Erdspalte näherten, begannen sie zu blöken und wild umherzuspringen. Neugierige Hirten wollten der Sache auf den Grund gehen mit dem Ergebnis, daß es, wie verlautet, auch bei ihnen zu seltsamen Reaktionen kam. Sie verhielten sich „für alle Welt wie Besessene" und versuchten, „die Zukunft vorherzusagen". Und obwohl Delphi als Inspirationsquelle prophetischer Kräfte berühmt wurde, rief der Ort, wie es scheint, keine sanfte, meditative Stimmung hervor, sondern versetzte in eine Verfassung, die der römische Redner Cicero als „Aufruhr" bezeichnete.

Da Menschen hier außer sich gerieten und sich in die Schlucht zu stürzen drohten, wurde bald deutlich, daß Delphi ein potentiell gefährlicher Ort war. Man bestellte Priesterinnen in der Hoffnung, daß sie die Kräfte, welche die Stätte heimzusuchen schienen, bändigen könnten. So bezog viele Jahrzehnte lang eine einsame Prophetin ihren Platz neben einem bronzenen Dreifuß, den die Weisen erdacht hatten eigens zu dem Zweck, um sie während der Anfälle von göttlicher Besessenheit zu schützen. Die Griechen glaubten, daß die Prophezeiungen aus Delphi in Form von Dunst oder Pneuma übermittelt würden, der aus dem Abgrund aufstieg. Sie waren auch, zumindest in den Anfängen, davon überzeugt, daß die eigentliche Quelle des Pneuma wie auch des offenbarten Wissens niemand anders als die Muttergöttin selbst war. Selbst als in späteren Jahren die besonderen Kräfte des Ortes dem Gott Apollo zugeschrieben wurden, blieb ein heiliger Bezirk ganz in der Nähe des Haupttempels der Verehrung der Göttin vorbehalten.

In christlicher Zeit wurde das Orakel von Delphi nicht mehr gebraucht. Später unternahm man eine ganze Reihe von Versuchen, um seinen Einfluß zu erklären. Viele Menschen haben wohl, wenigstens teilweise, die ursprüngliche Erklärung der Griechen akzeptiert, wonach Delphis Kraft den natürlichen Dämpfen aus der Erde zuzuschreiben sei, die durch heftige Regenfälle oder auch kleinere Erdbeben freigesetzt werden. Der große schottische Anthropologe und Mythenforscher Sir James Frazer meinte lapidar, daß die „finsteren Felsen über Delphi und das tiefe Tal darunter den Ort von ganz allein zum Sitz eines Heiligtums und Erd-Orakels prädestinierten". In seinem Bemühen, den Niedergang des Orakels hinreichend zu erklären, verglich Plutarch dessen Verfall mit der Erschöpfung einer Silbermine. Cicero wollte davon allerdings nichts wissen: „Man könnte denken, daß von Wein oder Gepökeltem, die mit der Zeit schlecht werden, die Rede sei. Aber welches Maß an Zeit kann eine göttliche Kraft verschleißen?"

War ein heiliger Ort erst einmal entdeckt, wurde er gewöhnlich auf irgendeine Weise eingefriedet. In Delphi baute man einen Tempel, Newgrange schützte ein Grabhügel, Stonehenge und viele andere Stätten begrenzte man durch große Steinkreise. Solche Einfriedungen symbolisierten nicht nur die ständige Gegenwart einer göttlichen Kraft; sie scheinen darüber hinaus auch als Mahnung gedient zu haben, bestimmte rituelle Vorbereitungsgebote einzuhalten, bevor man sich dem heiligen Boden näherte. Es war immer ein seltsames Gefühl von Gefahr damit verbunden, sich an einen heiligen Ort zu begeben. Eliade ruft in diesem Zusammenhang die Worte des Herrn an Moses in Erinnerung: „Tritt nicht herzu, zieh deine Schuhe aus von deinen Füßen; denn der Ort, worauf du stehst, ist ein heilig Land." Vor dem Tempel die Schuhe auszuziehen oder sich die Füße zu

Die spiralartigen Muster auf diesem alten englischen Omphalos-Stein symbolisieren die Energieströme der Erde.

waschen sind Relikte jener alten Rituale, die Eliade sehr treffend als „Gesten der Annäherung“ bezeichnete.

Kraft oder Gefahr, die einem heiligen Ort innewohnte, mag auch den Brauch begründet haben, Städte mit Stadtmauern zu umgeben. An einem ganz bestimmten geschichtlichen Punkt übernahm man bei der Errichtung menschlicher Siedlungen auch manche der Zeremonien, die sich im Zusammenhang mit den heiligen Monumenten entwickelt hatten. Nach Eliades Ansicht wurde jede neue menschliche Ansiedlung wie eine Art mystische Neuerschaffung der Welt behandelt. „Wenn die neue Niederlassung Bestand haben soll“, erläuterte er, „wenn ihr Wirklichkeit zukommen soll, dann muß sie mit Hilfe des Baurituals in den ‚Mittelpunkt des Universums‘ projiziert werden.“ Die Historiker glauben, daß eine der Möglichkeiten darin bestand, eine Mauer um das Zentrum des Heiligtums zu bauen, und es ist sehr wahrscheinlich, daß in alten Zeiten der gemutmaßte magische Nutzen von Mauern für ebenso groß gehalten wurde wie ihr Wert als Befestigungs- und Verteidigungsanlage. Mauern schieden die Bereiche, in denen der Mensch – nach seinen Bedürfnissen – eine Art Organisation geschaffen und eine gewisse Ähnlichkeit mit der kosmischen Ordnung hergestellt hatte, von denjenigen Bezirken, in denen immer noch das Chaos herrschte.

In Zeiten äußerer Unruhe, wie etwa bei Ausbruch von Krankheiten oder der Gefahr einer Invasion, praktizierten die Menschen ein Ritual, bei dem sie die Mauer abschritten und dadurch deren schützende Kraft aufs neue beschworen. Dieses Verfahren war im Mittelalter in Europa wie auch in Indien allgemein üblich. Eine ähnliche Tradition hat sich bis auf den heutigen Tag in Teilen Englands erhalten: In einer Zeremonie, die als „Abschreiten der Grenzen“ bezeichnet wird, begleiten eine Anzahl Gemeindemitglieder ihren Ortspfarrer bei seinem Gang rund um die Gemeindegrenzen. Damit bringen sie ihren Glauben zum Ausdruck, daß Gott ihr Land besonders gesegnet habe und die Einwohner sicher beschützen werde. Dieser Brauch geht jedoch auf eine Zeremonie zurück, mit der man in früheren Zeiten rituell die Kräfte der Erde anrief.

Der Bau von Mauern war nur eine von vielen Methoden, mit denen die Menschen früher Zivilisationen versuchten, die Naturgewalten zu beherrschen. Wo und wann immer sich in alten Zeiten Weise bemühten, den Einflüssen eines heiligen Steins eine neue Richtung zu geben, oder Hohepriester im Zentrum einer heiligen Stätte ein Ritual durchführten, ging es ihnen mehr oder weniger grundsätzlich darum, die kosmische Ordnung dadurch aufrechtzuerhalten, daß sie mit den Geistern der Erde und des Himmels verhandelten. Ein Wissenschaftler bezeichnete solche Bemühungen um eine Vermittlung und Harmonisierung, auch Geomantie genannt, als den Versuch, „menschliche Lebensräume und Handlungen in Einklang mit der sichtbaren und unsichtbaren Welt zu bringen“. Zeitweise war der Glaube an die Notwendigkeit solcher Maßnahmen zur Bewahrung der bestehenden Ordnung nachgerade universal. Relikte von Bräuchen, die in diesen Zeiten entstanden, haben sich, meist in Form von religiösen Ritualen und volkstümlichen Gepflogenheiten, bis auf den heutigen Tag erhalten.

Nach damaligem Glauben war bei jeder Veränderung der natürlichen Landschaft mit Konsequenzen zu rechnen. Sogar kleine Übertretungen, wie die unüberlegte Plazierung eines Gebäudes oder eines Brunnens, konnten unvorhergesehene und – sehr wahrscheinlich – unangenehme Folgen haben. Vielleicht versiegte plötzlich ein lebensnotwendiges Wasserreservoir; oder eine Weide wurde im Laufe des Winters auf unerklärliche Weise zu Ödland. Bei den Bauern der britischen Inseln war es im ganzen Mittelalter üblich, tiefe Furchen zu pflügen und auf diese Weise die Grenzen der kultivierten Felder zu markieren. Dieser Brauch scheint aus dem gleichen Impuls zu stammen, aus dem heraus die Menschen ihre heiligen Stätten einfriedeten. Die Furche war nicht nur Ausdruck von Eigentum, sondern „bannte“ auch magisch den Geist an jenen Ort und stellte auf diese Weise die Fruchtbarkeit sicher. Erst in neuerer Zeit haben Archäologen in diesen alten Gräben gelegentlich Unterbrechungen

„Seht her, der Handschuh ist oben", verkündet der Stadtherold bei der Eröffnung eines ländlichen englischen Jahrmarkts in mittelalterlicher Manier. Er trägt einen Omphalos-Stab, der einen geschützten Raum friedlichen Handels symbolisiert.

gefunden, Stellen, an denen die Bauern ohne ersichtlichen Grund den Pflug angehoben und die Furche nicht durchgezogen haben. Einige Wissenschaftler vermuten, daß die Lücken als Durchgang für den Erdgeist gedacht waren, der sich so ungehindert auf dem ganzen Land bewegen konnte.

Auch an der Sorgfalt, mit der die alten Baumeister ihre Heiligtümer und Wohnsitze nach den Himmelsrichtungen ausrichteten, läßt sich der Einfluß einer primitiven Geomantie ablesen. Man glaubte, daß die vier Hauptrichtungen – Norden, Süden, Osten und Westen – von entscheidender kosmologischer Bedeutung seien, und setzte sie zu den entsprechenden Quadranten des Nachthimmels (und damit auch zu astrologischen Omina) in Beziehung. Bei vielen Völkern waren jedem Himmelsquadranten mythologische Wächter zugewiesen, deren Aufgabe darin bestand, die Erde zu beschützen. In der hebräischen Tradition trugen zum Beispiel die Erzengel Michael, Raphael, Gabriel und Uriel die Verantwortung, den Thron Gottes – und damit die zentrale Säule des Universums – zu stützen. In der isländischen Überlieferung hieß es, daß die gesamte Insel in vier Teile zerfalle. Jedes Viertel besitze jeweils drei Unterbezirke, und der Sitz des sogenannten Althings, der Volksversammlung, liege in dem laut einer Legende geomantischen Zentrum des Landes.

Die Anhänger der Geomantie gingen bei Planung und Konzeption ihrer Gebäude und Städte immer von einem Mittelpunkt aus. Viele alte Kirchen in England sind auf den Überresten heidnischer Tempel errichtet, wobei die christlichen Architekten in einigen Fällen den Grundriß der früheren Gebäude beibehielten, dessen zentraler Ort häufig ein Kreis oder ein Quadrat war, wobei dessen Mittelpunkt wiederum durch einen Stein, den sogenannten Omphalos (griechisch für „Nabel"), markiert wurde. Der Begriff weckt Assoziationen von Geburt und Neubeginn.

Der Omphalos-Gedanke ist viele Jahrhunderte älter als die mittelalterlichen Kirchen in England, und er erfuhr im Verlauf seiner Geschichte wechselnde Bedeutungen. Der Omphalos war vor allem ein unveränderlicher Punkt auf der Erdoberfläche, der als Verbindungsstelle zwischen dem Göttlichen und dem Menschlichen diente. Als solcher hatte er eng mit der Schöpfungsidee zu tun und stellte den Versuch der Menschheit dar, sich an die Lebens- und Energiequellen anzuschließen. Darüber hinaus kennzeichnete ein Omphalos ein Bauwerk als Heiligtum – als Ort des Friedens und der Ordnung. Gewöhnlich war der Omphalos ein Stein; er konnte aber auch durch eine Säule, einen hölzernen Stab oder sogar einen Baum versinnbildlicht werden. Ungeachtet seiner Erscheinungsform drückte der Omphalos die Stabilität einer Kultur und die Ordnung aus, welche die Menschen dem Chaos abgerungen hatten. Es war deswegen mehr als ein bloßer Akt des Zorns, als Karl der Große die hölzerne Omphalos-Säule der Sachsen, die Irminsul, zerstörte. Der Eroberer setzte damit ein unmißverständliches Zeichen, daß die alte Ordnung für immer vorüber war.

Während sich die Menschen in immer größeren Siedlungen zusammenfanden, bildeten geomantische Prinzipien – wie das Bauen um einen Mittelpunkt herum, auch die Ausrichtung an den Himmelsrichtungen – jahrhundertelang das Kernstück jeder Städteplanung. Die ägyptische Hieroglyphe mit der Bedeutung „Idealstadt" war ein in vier gleiche Teile unterteilter Kreis. In diesem Symbol

In der Gemeinde von Saint Michael im englischen Oxford pflegt man ein archaisches Ritual: Studenten und Universitätslehrer in Robe nehmen an einer Prozession teil, dem „Abschreiten der Grenzen". Der Ritus hatte ursprünglich den Sinn, die mystischen Verteidigungslinien der Gemeinde zu bewahren und gegen Eindringlinge aus dem Diesseits wie auch aus dem Jenseits zu schützen.

drückte sich der Glaube der Ägypter aus, daß eine Stadt eine Miniatur der Erde darstelle, und diese wiederum sei ein verkleinertes Abbild des gesamten Universums. So wie sich die Erde durch ihre Vielfalt auszeichnete, so unterschied sich auch jedes Viertel der Idealstadt von allen anderen. Vorstellungen, die diesem ägyptischen Glauben sehr stark ähneln, sind allem Anschein nach in vielen Teilen der Welt unabhängig voneinander entstanden. Solch unterschiedlichen Städten wie Teotihuacán, Bagdad, Winchester, Washington und Peking ist ein vierteiliger Grundriß gemeinsam. In der chinesischen Hauptstadt hatte der Kaiser seine Residenz im Zentrum der Verbotenen Stadt, wo sich auch der Omphalos befand. Die kaiserliche Enklave umschloß die weltliche Stadt, die ihrerseits von den zivilisierten Provinzen umgeben war, hinter denen schließlich die bis dahin noch völlig unzivilisierten Gegenden lagen.

Die chinesische Form der Geomantie, das *Feng Shui*, das die Anlage Pekings so unverwechselbar prägt, hinterließ auf China eine tiefgreifende und dauerhafte Wirkung. Das Feng Shui ist eine komplexe Mischung aus religiösen, philosophischen und mystischen Überlieferungen. Es umfaßt Astrologie und Analogie, Ahnenkult und esoterische Symbolik, wie etwa den Weißen Tiger und den Grünen Drachen, einige äußerst praktische Anweisungen zur Städteplanung und Hygiene und nicht zuletzt die Beachtung des schwer faßbaren „Atems" der Natur, *ch'i* oder *qi* genannt.

Über die Jahrhunderte hinweg ermöglichte das Feng Shui den Chinesen, ihr Reich, das eines der dichtbesiedeltsten Länder der Erde war und ist, auch als eines der schönsten zu erhalten. Dabei gab es durchaus Zeiten, in denen die Einhaltung der Regeln des Feng Shui ein großes Hindernis für den technischen Fortschritt darstellte. Besonders während der kommunistischen Kulturrevolution in den späten 60er Jahren war es als rückschrittliches Denken verpönt. Die Sorge der Chinesen um die Bewahrung der natürlichen Gestalt des Landes hat unleugbar manchmal ihre Bereitschaft gedämpft, Innovationen wie etwa Eisenbahnen und moderne Straßen zu akzeptieren. Doch sind viele Menschen davon überzeugt, daß das Feng Shui alles in allem ein großer Segen für China gewesen ist.

Die Chinesische Mauer, die sich durch Berge und Täler schlängelt (links), ist ein Zeugnis für die Leistungsfähigkeit des Feng Shui, der alten chinesischen Kunst, Bauwerke in Einklang mit ihrer natürlichen Umgebung zu bringen.

Feng-Shui-Prinzipien haben auch bei der Planung des 70stöckigen Wolkenkratzers der Bank von China in Hongkong (unten) eine Rolle gespielt. Das Gebäude wird durch schräge Glaswände und auf Bodenhöhe durch Teiche und kleine Haine von den Einflüssen der städtischen Umgebung abgeschirmt.

Vor gar nicht langer Zeit unternahm ein bereits pensionierter chinesisch-amerikanischer Arzt, der sich aufgrund seiner westlichen Ausbildung von allem ferngehalten hatte, was auch nur im entferntesten als Aberglaube erschien, ein ernsthaftes Studium der traditionellen chinesischen Geomantie. Er entwickelte sich zu einem unerschütterlichen Befürworter des Feng Shui und richtete eine Klinik ein, in der er seinen kalifornischen Nachbarn Ratschläge gab, wie sie durch kleine Veränderungen in ihrer materiellen Umgebung ihr Wohlergehen fördern könnten. Als er gefragt wurde, welcher Quelle die Magie ihre Wirksamkeit verdanke, gab der Arzt zu, es nicht zu wissen. „Sie wirkt", war alles, was er sagen konnte. Er war nicht der einzige, der Interesse an dieser traditionellen Kunst zeigte. Das Feng Shui erlebt in den Vereinigten Staaten und in Westeuropa zur Zeit eine bedeutende Renaissance.

Einer, dem diese alte magische Praktik nach eigenen Angaben außerordentlich geholfen hat, ist der Gastronom Johnny Kao, Besitzer mehrerer gutgehender Restaurants in und um Washington. Als Kao im Februar 1983 ein weiteres Restaurant eröffnete, ging das Geschäft ungewöhnlich schleppend – und dies trotz der enthusiastischen Kritiken von seiten der wenigen Kunden, die kamen. In seiner Frustration vereinbarte Kao einen Besuch bei Lin Yun, einem chinesischen Sprachwissenschaftler aus Hongkong, der auch ein Feng-Shui-Experte war. Der Professor machte sich sofort daran, die Gestaltung des Restaurants zu analysieren, und empfahl konkrete Maßnahmen, um das Feng Shui des Gebäudes zu verbessern. Auf Lin Yuns Geheiß hin ließ Kao einen Bautrupp kommen, der in der Mitte des Gebäudes einen neuen Eingang brach.

Innerhalb weniger Wochen begann sich das Geschäft zu beleben. *Mr. K's*, wie das Restaurant heißt, hat sich seither prächtig entwickelt, und für Johnny Kao ist nunmehr eine Feng-Shui-Beratung bei all seinen geschäftlichen Unternehmungen Teil des Planungsprozesses.

Kaos Experiment ist ein gutes Beispiel für die Anwendung von Feng-Shui-Prinzipien zum Wohle einzelner. Für die wachsende Anzahl westlicher Umweltschützer, Städteplaner und Architekten, die das Studium der östlichen Geomantie aufgenommen haben, liegt die Attraktion eher darin, daß das Feng Shui in China eine lange Geschichte als offiziell anerkannte „Wissenschaft" besitzt. Mehrere Jahrhunderte lang gehörte es beispielsweise zur politischen Arbeit, Feng-Shui-Spezialisten zu konsultieren. Der Kaiser förderte die Lehre und richtete im damaligen Peking eine Regierungsbehörde, den „Ritenausschuß", ein. Die einzige Aufgabe dieser Einrichtung bestand darin, darauf zu achten, daß die Prinzipien des Feng Shui bei allen staatlichen Bauvorhaben berücksichtigt wurden.

Die chinesische Geomantie ist nicht so sehr durch exotische Vorschriften oder komplizierte philosophische Lehren gekennzeichnet, sondern hat mehr mit den ganz profanen Entscheidungen des täglichen Lebens zu tun – wo man Bäume pflanzt oder wie man Privatwohnungen, Häuser und Büros einrichtet *(S. 113–117)*. Nach der chinesischen Überlieferung wurden Erde und Himmel durch die großen Kräfte der beiden Formen des Atems und der Lebensenergie geschaffen – durch Yin und Yang, das Ein- und Ausatmen, das männliche und das weibliche Prinzip. Doch kann das Werk der Schöpfung nur durch Menschenhand vervollständigt werden. Die alltägliche Arbeit ganz gewöhn-

Zu den von Alfred Watkins (kleines Bild) kartographierten Leylines gehört auch diese Linie, die zur Saint Peter's Church im englischen Hereford führt. Die Leylines, deren Verlauf sich angeblich an den Kraftlinien der Erde orientiert, kreuzen mehrere christliche Kirchen, die auf den Ruinen heidnischer Tempel erbaut wurden.

licher Menschen ist letztendlich notwendig, um die Natur zu vervollkommnen. Diese Grundthese verleiht Optimismus und Hoffnung, doch unterlassen es Feng-Shui-Anhänger nicht, eindringlich darauf hinzuweisen, daß es Gefahren birgt, wenn man die Gesetze der Natur außer acht läßt und mehr oder weniger bewußt verletzt. Ihrer Ansicht nach haben die Entscheidungen, die Menschen beispielsweise beim Hausbau, bei der Städteplanung und beim Straßenbau in ihrem Gebiet treffen, ganz unmittelbare Auswirkungen auf Geschick und Lebensverhältnisse der von den jeweiligen Maßnahmen betroffenen ansässigen Bevölkerung.

Das Feng Shui hat sich wahrscheinlich erst vor etwa tausend Jahren, während der Sung-Dynastie, als voll entwickeltes System herauskristallisiert. Seine Ursprünge gehen indes sehr viel weiter in die Vergangenheit zurück, zu einer der ältesten chinesischen Praktiken, dem Ahnenkult. In China herrschte seit Menschengedenken die Auffassung, daß eine der mächtigsten unsichtbaren Kräfte, welche die Geschicke des einzelnen lenkten, der Einfluß seiner Vorfahren sei. Jahrhunderte vor Christi Geburt legten die Chinesen bereits großen Wert darauf, angemessene Grabstätten für ihre Ahnen auszuwählen. War eine solche Stätte gefunden, galt es, bei der Bestattung selbst detaillierteste Vorschriften zu befolgen. Es gehörte zum Beispiel zu den Geboten, den Körper des Verstorbenen mit dem Kopf nach Norden zu bestatten – in jene Himmelsrichtung weisend, die mit dem männlichen Prinzip in Verbindung gebracht wurde.

Bald wurden solche Überlegungen institutionalisiert und als Vorschriften bei Beerdigungen allgemein üblich. Während der Han-Dynastie von 207 v. Chr. bis 220 n. Chr., einer Epoche, die ebenso durch Gelehrsamkeit wie auch durch zentrale Machtausübung geprägt war, wurden die Prinzipien des Feng Shui systematisch gesammelt und kodifiziert; die Regeln der Bestattungsrituale dehnte man überdies auf die Wohnsitze der Lebenden aus.

In der Zeit der Sung-Dynastie, die von 960 bis 1126 dauerte, entwickelten sich unterschiedliche Richtungen des Feng Shui. Einige legten das Schwergewicht auf die subtilen Probleme des zwiefachen Atems und suchten nach mythologischen Formen in der natürlichen Landschaft. Andere konzentrierten sich auf die übergreifende Ordnung der Natur und trachteten danach, die offensichtlich große Bedeutung der numerischen Proportionen zu ergründen, die den natürlichen Gegenständen innewohnte. Als der britische Missionar Ernest Eitel im 19. Jahrhundert ein Buch über das Feng Shui schrieb, das die chinesische Geomantie auch im Westen bekannt machte, war diese Philosophie in China selbst bereits zu einem wichtigen, allumfassenden integralen Bestandteil des alltäglichen Lebens geworden. Sie beeinflußte buchstäblich alles – den Ritus von Beerdigungen ebenso wie den Ablauf von Hochzeitsfeierlichkeiten, die Prinzipien des öffentlichen Straßenbaus desgleichen wie das Arrangieren von Blumen.

Der Einfluß des Feng Shui hatte im Laufe der Zeit alle Bereiche derart tief und nachhaltig durchdrungen, daß die Chinesen ihr ganzes Land als eine große heilige Landschaft betrachteten. Innerhalb dieser idealistischen Vision war es das vordringliche Ziel, jegliches Menschenwerk den Formen und Kräften der Natur anzupassen. In den Augen der Geomantiker besaßen die natürlichen Landschaften außerdem ein Eigenleben. Die Gestalten von Drachen und Tigern, die man überall in den Höhen und Niederungen des Landes wahrnahm, waren mehr als bloße Symbole oder Ideen: Sie waren gleichsam – lebendige – geologische Wesen, die Einfluß auf das Land ausübten und von deren Extremitäten Kraftlinien ausgingen. Wo sich solche Linien kreuzten, hofften die Geomantiker Orte von besonderer Ausstrahlung und spiritueller Schwingung zu finden.

Eigentliches Anliegen des Feng Shui ist es, einen optimalen Fluß des Ch'i zu ermöglichen, des immer gegenwärtigen Geistes der Erde. Hierin liegt in der Regel das Problem für die meisten Menschen der westlichen Welt, die sich mit der Lehre dieses Systems intensiv auseinandergesetzt haben. Es ist überaus schwierig, Vorstellungen wie das erdhafte Ch'i und den kosmischen Atem mit einem wissenschaftlichen Naturverständnis in Einklang zu bringen. Aus der im Westen vorherrschenden Sicht sollten sich alle Kräfte und Energien mit den Gesetzen der Physik erklären lassen. Für die Anhänger des Feng Shui ist dieses Kriterium jedoch in keiner Weise entscheidend. Für sie gibt es einerseits bestimmte Kräfte wie etwa die Erosionskräfte von Wind und Wasser, die sich für die naturwissenschaftliche Beschreibung eignen. Doch existieren andererseits Einflüsse von zum Teil ebenso starker Gestaltungskraft, die sich nicht so leicht erklären lassen. Nach dem traditionellen Verständnis des Feng Shui muß

HEREFORD
HERD BOOK
SOCIETY
OFFICES

jede Form von Kraft oder Energie, die Einfluß auf die Erde nimmt, in ihrer Gesamtheit behandelt werden.

In vielerlei Hinsicht bietet das Feng Shui Parallelen zur Praktik der Akupunktur, einer Methode, der die gleichen Lehrsätze und Werte zugrunde liegen. Bei der Akupunktur greifen Ärzte und Therapeuten aktiv in den Fluß der verschiedenen Energien ein, die den menschlichen Körper durchströmen, und versuchen, sie in Harmonie zueinander zu bringen. Das Feng Shui stellt Richtlinien auf, die das gleiche Ziel verfolgen und das gleiche Resultat anstreben, lediglich mit dem Unterschied, solche Harmonisierung in einem Gebäude oder auf einem Stück Land zu erreichen.

Mystische Energieströme, die im Feng Shui und in der Akupunktur eine bedeutende Rolle spielen, sind westlichem Denken zumeist grundsätzlich fremd, jedoch nicht gänzlich unbekannt. In den vergangenen Jahren verband sich eine vergleichbare Vorstellung von tellurischer Energie – eine Art von natürlichem elektrischem Strom, der durch die Erdkruste fließt – mit der Theorie der *leylines*. Bei den Leylines handelt es sich um hypothetische Bahnen oder Wege aus uralten Zeiten, welche die einstigen heiligen Stätten längst verschwundener Kulturen miteinander verbanden. Die Idee der Leylines wurde erstmals 1921 von dem walisischen Geschäftsmann Alfred Watkins zur Diskussion gestellt.

Watkins interessierte sich für Geschichte und die Erforschung alter Stätten. Nachdem er einige Jahre lang die abgelegenen Regionen von Westengland und Wales bereist hatte, kam er zu dem Schluß, daß viele der Meilensteine aus vorrömischer Zeit auf den britischen Inseln absichtlich in Reihen angeordnet waren, die schnurgerade über das Land verliefen. Er gab ihnen den Namen *ley*, die altsächsische Bezeichnung für „Wiese" oder „Gerodete Flur". Offenbar waren in den 20er Jahren jedoch mehrere andere Europäer unabhängig von ihm zu der gleichen Schlußfolgerung gelangt, so daß Watkins' Theorie – die naturgemäß im übrigen von den meisten Historikern sofort verworfen wurde – in einigen Kreisen enthusiastische Aufnahme fand.

Etwa zwei Jahrzehnte lang waren die kartographierenden Aufzeichnungen neuer Leylines ein leidenschaftlicher Zeitvertreib für vereinzelte Gruppen von unorthodoxen Historikern und diversen Hobby-Forschern. Sie führten eine rege Korrespondenz miteinander, hielten Treffen ab und gründeten sogar unter dem Namen *Old Straight Track Club* eine Art internationale Vereinigung. Einige der von ihnen entdeckten Linien waren kilometerlang und berührten acht oder mehr mutmaßlich heilige Orte – Hügelgräber, Monolithen, heilige Haine und alte Kirchen, die auf den Standorten früherer heidnischer Tempel erbaut worden waren.

Alfred Watkins' Theorie, die Leylines markierten ganz einfach die Handelswege früherer Zeiten, stimmten jedoch nicht alle begeisterten Anhänger der Leylines ohne weiteres zu. Man wies vielmehr darauf hin, daß zwar einige Linien mehr oder weniger sinnfällig verschiedene Standorte miteinander verbanden und für reisende Kaufleute oder Händler möglicherweise von Nutzen gewesen waren, daß andere hingegen durch steiles und gebirgiges Gelände verliefen, in dem pragmatisch denkende Menschen mit Sicherheit nie versucht hätten, Wege oder Straßen anzulegen.

Heute ist man großenteils der Auffassung, daß Watkins' Leylines in Wirklichkeit den Bahnen der natürlichen tellurischen Energie der Erde folgen. Nach dieser Theorie waren die Erbauer prähistorischer Monumente viel stärker auf die Kräfte der Natur eingestimmt, als dies bei modernen Architekten der Fall ist, und konnten auf bis in die heutige Zeit unbekannte Art und Weise die Orte aufspüren, an denen die Energie der Erde besonders stark und wirksam war. So errichteten sie aller Wahrscheinlichkeit nach ihre Bauwerke auf Stätten mit großer Erdenergie.

Derartige Hypothesen lassen sich natürlich nur sehr schwer oder eigentlich so gut wie gar nicht beweisen, aber ihre Befürworter halten die Tragweite solcher Überlegungen gleichwohl für zu groß, als daß man sie einfach ignorieren könnte. Sie haben jedenfalls unter anderem ein neues Interesse an den heiligen Stätten der Vergangenheit geweckt. An den großen heiligen Orten der jungsteinzeitlichen Kultur Europas – wie etwa in Newgrange, Stonehenge, Avebury – suchen Forscher jedweder Couleur, vom Wünschelrutengänger oder Hellseher bis zum Astronomen oder Historiker, nach Zeichen der verborgenen Energie und bemühen sich, die Methoden zu enträtseln, mit denen sich die Alten die Kräfte der Erde zunutze machten. Für viele andere nimmt die Suche nach einem Kontakt mit dem Geist der Erde eine im wahrsten Sinne des Wortes erdgebundenere Form an, indem sie die magische Kraft in den einzelnen Elementen suchen, welche die physische Welt ausmachen.

Leben im Land der Götter

Kein Indianer, der in seiner Tradition verwurzelt ist, käme jemals auf die Idee, „daß er von der Erde unabhängig ist, daß er von ihr getrennt werden und trotzdem ein ganzer Mensch bleiben kann", schrieb N. Scott Momaday, selbst ein Kiowa. „Die Erde ist heilig ... Sie ist ein lebendiger Organismus ... In Geist und Seele ist er für immer an die Erde gebunden."

Wenn die amerikanischen Ureinwohner von der heiligen Erde sprechen, haben sie nicht nur das Land und die Berge im Sinn. Nach ihrer Vorstellung gehören auch Pflanzen und Tiere dazu, der Himmel mit Sonne und Sternen, ebenso die Phänomene des Wetters. Bei Störung des Gleichgewichts durch den Menschen gerät die Welt in Unordnung.

Hinter dem indianischen Glauben an die Kraft der Erde verbirgt sich indes mehr als diese uralte Botschaft. Die Ureinwohner Amerikas halten seit jeher bestimmte Plätze für besonders heilig, und nach Meinung der Hopi-Indianer wurden diese Stätten durch die Trommelschläge eines Geistes namens Palongawhoya mit Energie aufgeladen. Interessanterweise bestätigt eine geologische Studie, daß ein bestimmtes Gebiet in den San Francisco Peaks von Arizona, das sowohl von den Hopis wie auch von den Navajos verehrt wird, eine körperlich spürbare Energie ausstrahlt – hervorgerufen durch einen außergewöhnlich starken tellurischen Strom, jenen elektrischen Fluß, der, erzeugt vom Magnetfeld des Planeten, die Oberfläche der Erde durchzieht. Eine mögliche Erklärung lautete, daß die Felsen in dieser Region über einen außergewöhnlich niedrigen elektrischen Widerstand verfügten.

Nirgendwo sind die heiligen Orte der Indianer von solch atemberaubender Schönheit wie im Südwesten der Vereinigten Staaten, wo seit Menschengedenken das Leben und die Seelen der dort ansässigen Indianer und bestimmte landschaftliche Wahrzeichen – wie diejenigen auf den folgenden Seiten – untrennbar miteinander verbunden sind.

Monumente, vom Wind in den Fels gemeißelt

Da seine steil aufragenden, vom Wind und durch Erosion bizarr geformten Tafelberge wirken wie Bauwerke von Menschenhand, nannten Einwanderer aus Europa dieses kahle und eindrucksvolle Tal „Monument Valley". Bei den hier lebenden Navajo-Indianern heißt es treffender „Land von genügend Raum und Zeit".

Nach indianischer Überlieferung ist das weite, flache Land mit seinen mächtigen Felsformationen, das sich auf beiden Seiten der Grenze zwischen Utah und Arizona erstreckt, nicht unbewohnt. Die Navajos glauben, daß jeder dieser Berge einem Geist als Behausung diene und das ganze Tal heiliger Boden sei. Vor den Felsformationen einiger Geister sprechen die Schamanen der Navajos noch heute Gebete und bringen Opfer, um die Geister zu besänftigen oder deren Beistand zu erbitten.

Fliegender Fels, der Retter eines Stammes

Der dunkle, aus Vulkangestein bestehende Ship Rock in New Mexiko, der seine Gestalt dem Wind verdankt, erhielt seinen Namen von europäischen Siedlern wegen seiner Ähnlichkeit mit einem Segelschiff. Die dort lebenden Navajo-Indianer nennen den etwa 420 Meter hohen Felsen *Tse bit'a'i* – „Geflügelter Fels".

Der Legende nach suchten ihre Vorfahren einst Zuflucht vor einem feindlichen Angriff auf dieser Anhöhe, die sich damals in einiger Entfernung von ihrem heutigen Standort befunden haben soll. Als die Indianer um Befreiung aus ihrer verzweifelten Lage beteten, erzählen die Navajos, entfaltete der Fels auf einmal Flügel und trug den Stamm in Sicherheit – an jenen Ort, wo der Berg heute steht.

Die heilige Heimstatt der Spinnenfrau

Der Spider Rock – die Felsformation ganz rechts –, der sich rund 250 Meter über dem Boden des Canyon de Chelly in Arizona erhebt, gilt bei den Hopi-Indianern als Heimstatt der Spinnenfrau. Sie half der Sage nach bei der Erschaffung der Hopis und stand ihnen auch bei ihrem Eintritt in die Vierte Welt bei, in jene letzte Form des Daseins vor der katastrophenartigen Läuterung, die zu einem neuen Zyklus von Welten führen werde.

Die Navajo-Indianer nennen den Felsvorsprung links im Bild den „Sprechenden Felsen", weil er eine mundähnliche Öffnung aufweist. Manchmal drohen sie unartigen Navajo-Kindern damit, daß der „Sprechende Felsen" ihren Namen an die Spinnenfrau weitergeben werde, und diese werde sie dann packen und ganz oben auf dem Spider Rock aussetzen.

Das Wasser des verzauberten Canyons

Der Havasu-Canyon bietet mit seinen Wasserfällen und seiner üppigen Vegetation einen überraschenden Kontrast zur Trockenheit des übrigen Grand Canyon. Die Havasupai-Indianer, die ihre Ursprünge bis zu den hellsichtigen Schamanen des Colorado-Flusses Yuman zurückführen, bewohnen seit Jahrhunderten diese Oase und nutzen das Wasser zur Bewässerung ihrer kleinen Gemüse- und Obstgärten. Sie halten den Canyon und insbesondere die Quellen, die den Bach und die Wasserfälle speisen, für heilig und bringen hier regelmäßig Opfer in Form von Tabak, Pfirsichen und Getreide dar.

Die Havasupai-Indianer sagen, daß die Felswände früher jeden eingeschlossen und erdrückt hätten, der den Canyon durchquerte. Eine Geschichte berichtet von zwei Knaben, die hier nach Schilfrohr suchten, um Pfeile herzustellen. Als sich der Canyon über ihnen zu schließen begann, zwängten sie zwei lange, besonders starke Wacholderstämme zwischen die Wände, die, so behaupten die Havasupai, seither immer offen geblieben sind.

Türkise für den Lebensquell der Taos

Das eisige, türkisfarbene Wasser des Blue Lake hoch oben in den Sangre-de-Cristo-Bergen des nördlichen Neu-Mexiko ist nach alter Überzeugung der Taos-Indianer nicht nur Quell und Ursprung allen Lebens, sondern auch die letzte Ruhestätte ihrer Seelen. Im Jahre 1906 enteignete die amerikanische Regierung den Stamm und integrierte den See und das umliegende Land in den Carson-Nationalpark. Endlich, im Jahre 1971, wurden – nach Jahrzehnten der Entweihung und Störung – der heilige See sowie 48 000 Morgen Wildnis den Taos-Indianern wieder übereignet, einigen Berichten zufolge gerade noch rechtzeitig.

Eine indianische Legende sagt voraus, daß, sollte das Volk der Taos „eines Tages gezwungen werden, seine Heimstatt zu verlassen, oder sollte es nach eigenem Willen oder mit Zustimmung seine Dörfer und sein Land aufgeben, dann wird die Welt enden“. In jedem Jahr unternehmen die Indianer Pilgerfahrten zu dem See und werfen als Opfergaben kleine wertvolle Türkise in die heiligen Fluten.

Ein Regenbogen, der zu Stein wurde

Die Rainbow Bridge, mit rund 95 Metern die höchste natürliche Brücke der Welt, wurde zum Mittelpunkt einer ganzen Religion. Nach einer Legende der Navajo-Indianer entstand die Brücke, als ein Geist das Gebet eines anderen übernatürlichen Wesens vernahm, das von einer Flut eingeschlossen war. Daraufhin schleuderte er einen Regenbogen hinab, und als das bedrohte Wesen sich darüber eilends in Sicherheit brachte, verwandelte sich der Regenbogen unter seinen Füßen zu Stein. Jahrhundertelang pilgerten Anhänger der Rainbow-Religion zu der Brücke, um zu opfern und zu beten. Als jedoch der einst abgelegene Ort durch den Glen-Canyon-Stausee leicht per Boot erreichbar wurde, kamen so viele Touristen hierher, daß die Navajo-Gläubigen sich zurückzogen, obwohl der Kult wahrscheinlich immer noch existiert.

Ein Fenster im Mittelpunkt der Welt

Diesen Fels mit einem Loch in der Mitte nannten die Navajo-Indianer *Tségháhodzání*, „Durchbohrter Fels". Sein Standort in der Nähe von Winslow, Arizona, war bekannt als *Ni"alnii'gi*, als „Mittelpunkt der Erde". Ein Quell unter dem Fels war eine von vier Quellen, die bei einer Wasser-Zeremonie zur Sicherstellung ausreichender Regenfälle wichtig waren.

Im Jahre 1936 wählte die Bundesregierung diesen Ort als Sitz der Zentralbehörde für Navajo-Angelegenheiten aus. Die Bürokraten ließen verlauten, daß außer dem Bau einer Radiostation, eines Verwaltungskomplexes, von Wohngebäuden und Freizeitstätten für die Angestellten sowie eines Golfplatzes „nichts geschehen sei, was die ursprüngliche Landschaft verändert habe", und nannten den Ort auch weiterhin *Ni"alnii'gi*. Als die Navajo-Indianer Einspruch erhoben, wurde er in Window Rock („Fensterfels") umbenannt.

KAPITEL 2

Erde, Luft, Feuer, Wasser

Als der Schweizer Psychiater Carl Gustav Jung (1875–1961) noch ein Kind war, hatte er einen Stein zum besten Freund. Im Alter von sieben Jahren entdeckte Jung, der gemeinsam mit Freud später die Psychoanalyse begründete, ein lauschiges Plätzchen auf einem Stein im Garten seines Elternhauses und verweilte dort stundenlang, in kindliche Träumereien versunken. Der introvertierte Junge entwickelte eine solch starke Verbundenheit mit diesem Ort – mit „meinem Stein", wie er ihn liebevoll nannte –, daß es ihm manchmal schwerfiel, sich zu vergegenwärtigen, ob er selbst auf dem Stein saß oder ob er der Stein war und jemand sich auf ihm niedergelassen hatte.

Einige Jahre später, noch auf der Grundschule, schnitzte Jung aus dem Ende eines Holzlineals eine menschliche Figur. Dann fand er einen glatten, länglichen schwarzen Kiesel, der am Rheinufer angeschwemmt worden war, bemalte ihn mit geheimen Symbolen und legte ihn zusammen mit dem geschnitzten Männchen in eine alte Federschachtel. Nach Kinderart versteckte er die Schachtel auf dem Dachboden – einem Ort, den zu betreten ihm verboten war – und erzählte niemandem von seinem Geheimnis. Von Zeit zu Zeit stahl er sich auf den Dachboden, um seinem Spielzeug einen Besuch abzustatten, und schließlich maß er dem bemalten Kiesel den gleichen Wert wie seinem geliebten Stein im Garten zu. Selbst wenn er nicht bei seinen verborgenen Schätzen sein konnte, spürte er eine tiefe und unerklärliche Befriedigung, wenn er nur an sie dachte. Das schien ihm zu helfen, mit den Schwierigkeiten einer unruhigen Kindheit fertig zu werden. Erst als Erwachsener, als er die Kraft von Symbolen erforschte, erfuhr er, daß die australischen Ureinwohner und andere primitive Völker ähnliche „Seelensteine", *churingas*, als geheime Talismane aufbewahrten. Vor diesem Hintergrund entwickelte Jung die These, daß die Figur, die er als Kind geschnitzt hatte, sein *kabir*, eine Art persönliche Gottheit, gewesen sei. Er kam auch zu dem Schluß, daß der Flußkiesel dieser persönlichen Gottheit einen Funken der kosmischen Lebenskraft eingehaucht habe.

Die Fixiertheit auf den Stein, den Kabir und den bemalten Kiesel, die sich in Jungs Kindheit zeigte, hinterließ bleibende Spuren in seinen späteren Theorien. Er gelangte zu der Überzeugung, daß alle Menschen, ob lebendig oder tot, durch ein kollektives Unbewußtes – einen aus der Erde stammenden Weltgeist oder *spiritus mundi* – miteinander verbunden waren. Steine, Wasser, Bäume und andere physische Bestandteile der Erde waren seiner

Ansicht nach die Verbindungsglieder, die es der Menschheit ermöglichten, mit dem Weltgeist zu kommunizieren. Für Jung spiegelte das Einfühlungsvermögen, das er hinsichtlich der Dinge der Natur besaß, ein instinktives Gespür für die Lebenskraft der Erde wider. Er hielt jeden Menschen solcher Gefühle für fähig und betrachtete diese als wichtigen Teil der menschlichen Psyche.

Es gibt eine große Anzahl von historischen Belegen, die Licht auf Jungs Ansichten zu diesen Themen werfen. Die frühesten menschlichen Kulturen verehrten Erdgottheiten – diese waren meist weiblichen Geschlechts –, welche die sichtbaren und unsichtbaren Wirkungsweisen der Erde und des Himmels regulierten und kontrollierten. Spätere Religionen beteten andere Götter an; aber das Interesse an den Kräften, die den Planeten gestaltet hatten, bestand unvermindert fort und hatte im Laufe der Zeit die verschiedensten Theorien über den Aufbau der Erde und ihrer Teile zur Folge. Eine der Erklärungen, die überzeugte und daher sehr lange Gültigkeit besaß, lieferte bereits im 4. Jahrhundert v. Chr. der griechische Philosoph Aristoteles. Alle Materie, so behauptete er, setze sich aus jeweils verschieden hohen Anteilen von nicht mehr als vier Grundelementen zusammen: aus Erde, Luft, Feuer und Wasser.

Heute ist wissenschaftlich erwiesen, daß die Elemente des Aristoteles ihrerseits aus unendlich kleineren Bausteinen, nämlich den Atomen, bestehen, die sich wiederum zu komplexen Strukturen verbinden. Man weiß auch, daß jedes einzelne Atom eine schwindelerregende Vielfalt von subatomaren Teilchen umfaßt mit solch merkwürdigen Namen wie Protonen, Leptonen und Quarks. Dennoch war die fast 2000 Jahre lang gültige aristotelische Lehre von den vier Elementen nicht völlig falsch. Wenn man sie weit genug auslegt, bietet sie nach wie vor eine intuitiv durchaus zufriedenstellende Erklärung für das Wirken der Natur.

Alle der modernen Wissenschaft bekannten Elemente können unter den jeweiligen Bedingungen von Hitze und Druck Zustände annehmen, die den aristotelischen Elementen entsprechen. Eisen beispielsweise kommt normalerweise als fester Körper vor – und hat insofern Ähnlichkeit mit der Erde. Aber es kann auch flüssig werden, wie Wasser, oder wie Luft einen gasförmigen Zustand annehmen. Darüber hinaus ist in jedem Eisenatom ein gewaltiges Maß an nuklearer Energie gebunden. Diese Energie ließe sich als ungefähres Äquivalent des Feuers ansehen.

In gewissem Sinne fassen also die vier aristotelischen Grundelemente alle physikalischen Zustände zusammen, die das Eisen annehmen kann, und dies gilt ebenso für alle anderen in der Natur vorkommenden Stoffe. Entscheidender noch ist, daß bei Wissenschaftlern und Philosophen – nicht anders als bei durchschnittlich gebildeten Menschen – die besondere Bedeutung von Erde, Luft, Feuer und Wasser jahrhundertelang als unantastbare Wahrheit und jedes der vier aristotelischen Elemente als Ausdruck der Erdenergie oder des Erdgeistes galten.

Keines der anderen drei Elemente ist jemals Gegenstand so tiefer Verehrung und solchen Aberglaubens gewesen wie die Erde. Primitive Kulturen beteten Mutter Erde nicht nur als fruchtbare Ernährerin an, deren Kräfte in jeglicher Gestalt der Natur beobachtbar waren, sondern auch als lebendigen Geist, der bestimmte Orte in der Erde bewohnte. Von Anbeginn an hielt man Steine jeder Art für bevorzugte Aufenthaltsorte des Erdgeistes. Daraus folgte, daß Steinen, ob groß oder klein, von den Völkern vieler verschiedener Rassen und Kulturen alle Arten von magischen Kräften zugeschrieben wurden. Bäume und Pflanzen, Tiere und andere Lebewesen, sogar Staub und Sand waren Bestandteile der Erde, aber man betrachtete sie niemals als der Erde so elementar zugehörig wie die Steine. Der Stein repräsentierte all das, was das menschliche Fleisch nicht war: Er war fest, starr und – allem Anschein nach – auch unveränderlich und unvergänglich. Er war ausgesprochen verläßlich und kannte weder Tränen noch Blut.

Einige bestimmte Steine üben große Macht auf die menschliche Vorstellungskraft aus. Für Millionen Muslime, die ungefähr ein Fünftel der Weltbevölkerung ausmachen, gibt es auf Erden keinen heiligeren Gegenstand als einen kleinen schwarzen Stein, der in ein Heiligtum, die Kaaba zu Mekka in Saudi-Arabien, eingemauert ist. Der heilige Schwarze Stein mit einem Durchmesser von 20 Zentimetern ist in Wirklichkeit ein Meteorit, der tote Überrest eines Asteroiden, der vor Tausenden von Jahren durch die Erdatmosphäre flammte. Die islamische Religion lehrt, daß Allah den Stein Abraham, dem Urvater aller Muslime, gab. In der islamischen Tradition heißt es auch, daß der Stein Teil des allerersten Gotteshauses war, das der Verehrung nur eines einzigen Gottes diente. Der Schatz ruht nun in einer Silberfassung in der südöstlichen Ecke der Kaaba.

Fünfmal am Tag wenden sich die Muslime auf dem ganzen Erdball gen Mekka und zur Kaaba hin, um zu beten. Es ist der Traum jedes frommen Mohammedaners, eine Pilgerfahrt, eine *haddsch*, nach Mekka zu unternehmen. Der Höhepunkt einer Haddsch besteht darin, siebenmal um die Kaaba herumzugehen; und es ist der höchste Wunsch eines jeden der etwa zwei Millionen Pilger pro Jahr, jenen Schwarzen Stein zu berühren oder zu küssen. Die Fama, die die große Reliquie umgibt, weiß zu berichten, daß die Oberfläche des Steins bereits ganz glatt gewetzt ist durch die Lippen der Millionen von Gläubigen, die ihn geküßt haben wie angeblich schon Mohammed 1300 Jahre vor ihnen.

Der Schwarze Stein ist der islamische Omphalos; in den Augen der Muslime kennzeichnet er nicht nur das Zentrum der Welt, sondern auch das Tor zum Himmel. Die historische Bedeutung von Omphalos-Steinen, wie desjenigen in Mekka, geht weit über ihre Funktion als religiöses oder zeremonielles Wahrzeichen hinaus. In einer Reihe von Frühkulturen entstanden die ersten Städte aus Heiligtümern, die um einen Omphalos herum errichtet worden waren. Während der Blütezeit eines Kultes oder einer Religion dehnte sich der zentrale Tempelkomplex zunehmend aus und zog immer mehr weltliche Aktivitäten an. So waren in einigen Fällen heilige Steine die Keimzellen der städtischen Zivilisation. Diese Analogie zwischen Omphalos-Steinen und Keimzellen läßt sich auch auf den Umstand übertragen, daß die das Zentrum kennzeichnenden Steine häufig unterirdisch in Höhlen aufbewahrt wurden. Höhlen, Felsspalten und Grotten wurden in Mythologie und Folklore immer mit der Lebenskraft der Erde in Verbindung gebracht. Während Berge in ihrer fernen, sonnenbeschienenen Größe als natürliche Symbole der fruchtbaren Energien der Erde galten, stellten Höhlen die dunkle, der Unterwelt zugekehrte Seite derselben Kräfte dar.

Noch bevor die Menschen lernten, ihren Göttern Namen zu geben und Rituale zu ihrer Anbetung zu erfinden, spielten Höhlen schon eine wichtige Rolle in der menschlichen Entwicklung. Sie waren die Heimstatt unzähliger Generationen von Hominiden, die gelernt hatten, ihre Rivalen, die wilden vierbeinigen Tiere, zur Räumung dieser Erdbehausungen zu zwingen. Als der *Homo sapiens* jedoch ein geistiges Bewußtsein entwickelte, wurde den Höhlen eine mystische Bedeutung zugeschrieben, die weit über ihre Nützlichkeit als fertige Behausungen hinausging. Von alters her bis in unsere Zeit herrscht in vielen Religionen der Glaube, daß die unterirdischen Gewölbe Pforten zu einem Reich darstellen, in dem die Erdgöttin ihr Zuhause hat.

Der Indianerstamm der Apachen in Arizona betrachtet die Superstition Mountains östlich von Phoenix als heilig, zum Teil aufgrund einer alten Legende, die von seinen Vorfahren überliefert wurde. Darin heißt es, daß irgendwo in dem hügeligen Gelände eine Höhle sei, die ins Erdinnere führe. Der Eingang zu dieser Höhle wird nach dieser Legende von einer neunköpfigen Schlange gehütet, die keine Menschen passieren läßt. Und die Winde, die durch diese Öffnung aus der Unterwelt nach oben steigen, sollen angeblich die schweren Staubstürme verursachen, die das Indianerland von Zeit zu Zeit heimsuchen.

Die frühen griechischen und römischen Siedlungen entstanden um Stätten herum, an denen, wie man glaubte,

Mitglieder einer geheimen Bantu-Sekte in Kamerun bereiten eine Opfergabe aus Hühnerblut vor, um die Geister des Barombi-Mbo-Sees zu besänftigen. Manche glauben, daß alle Probleme, die mit Wasser zu tun haben, so auch die tödlichen Seewassergase, auf eine ärgerliche Laune von „Mütterchen Wasser" zurückgehen, einen Geist, der in dem See haust.

Orakel die Weisheit der Götter verkündeten. Viele Orakel, einschließlich des berühmten Orakels von Delphi, hatten ihren Sitz direkt in oder in der Nähe einer Höhle, deren dunkle Tiefen den Eindruck des Ortes als eines heiligen und mächtigen verstärkten. Ein einflußreiches Orakel wurde in Trophonios eingerichtet, einer alten Kultstätte in der Nähe des Helikon-Gebirges – dem gefeierten Sitz der Musen – im griechischen Böotien. Der Legende zufolge konnte niemand, der den beschwerlichen und furchtbaren Abstieg wagte, um der Erdgöttin in ihrer Höhle in Trophonios gegenüberzutreten, hoffen, jemals wieder zu lächeln.

Eines der wichtigsten religiösen Zentren der Griechen lag in Eleusis, nicht weit von Athen. Diese alte Siedlung war die Stätte der berühmten Eleusinischen Mysterien, die solch hehre Autoren wie Homer, Plutarch und Sophokles beschrieben haben. Die in Eleusis zelebrierten Riten wurden zu Ehren der Demeter, der Göttin der Fruchtbarkeit, abgehalten. Bei den Weihehandlungen wurde wahrscheinlich das Suchen Demeters nach ihrer von Pluton geraubten Tochter Persephone dramatisch dargestellt. Im Herzen des eleusinischen Heiligtums befanden sich eine Höhle, das sogenannte Plutonion, und ein Omphalos-Stein, der angeblich die Energien aus der Unterwelt und dem Reich der Sterblichen vereinigte. Die im 6. Jahrhundert v. Chr. begründeten Eleusinischen Mysterien erlebten eine lange Blütezeit von etwa 1000 Jahren. Der Omphalos in Eleusis wurde für die Griechen zur Verkörperung ihres innersten Empfindens, daß die Erde die Quelle aller Fruchtbarkeit und Wunder sei.

Steine haben nicht nur den Mittelpunkt der Erde und jene Orte gekennzeichnet, an denen sich das Reich der Götter und das der Sterblichen berührten; sie haben der Menschheit auch noch anderweitig geholfen, ihren Platz auf Erden zu finden. Die hoch aufragenden Steinmonumente in Stonehenge und an anderen Megalithstätten in England und Frankreich waren ursprünglich Teile gewaltiger astronomischer Vorrichtungen, um die Tagundnachtgleichen im Frühjahr und Herbst vorherzubestimmen. Sie halfen den frühen Völkern, die Veränderungen der Jahreszeiten zu markieren und die Augenblicke zu beobachten, in denen die Sonne bei ihrem Lauf über den Himmel die Richtung änderte.

Gelegentlich wird argumentiert, daß die Baumeister, die diese großen steinernen Monolithen errichteten, nur deshalb Steine verwendeten, weil ihnen kein anderes Material zur Verfügung gestanden habe. Hätten sie von Stahl, Aluminium oder Beton gewußt und Gebrauch machen können, so lautet in etwa die Argumentation, dann hätten sich die Erbauer der Monumente aller Wahrscheinlichkeit nach eines dieser Werkstoffe bedient. Es scheint jedoch sicher zu sein, daß zumindest die großen Steinblöcke in Stonehenge aus Gründen verwendet wurden, die weit über ein bloßes Zweckmäßigkeitsdenken hinausgingen.

Der Untergrund der großen Ebene von Salisbury, in der Stonehenge liegt, besteht hauptsächlich aus Kreide, weichem Kalkstein, der sich aus den Überresten unzähliger winziger Seemuscheln zusammensetzt. Die Muscheln lagerten sich über viele Jahrtausende, in denen die Ebene Teil des Meeresbodens war, als Sediment ab. An einigen Stellen bildete sich jedoch eine Schicht von härterem Gestein über der Kreide, und als diese Schicht erodierte, riß sie und zersprang in riesige eckige Blöcke mit relativ geraden Kanten, Oberflächen und Fronten. Es wäre den Steinmetzen der damaligen Zeit unmöglich gewesen, solche Formen mit ihren noch rudimentären Werkzeugen aus Knochen und Stein herzustellen, und wahrscheinlich erfüllten diese großen, von der Natur gebildeten Blöcke sie mit Ehrfurcht. Wenn dem so war, lag der Annahme, daß diese Steine mit besonderer Kraft ausgestattet seien, eine gewisse Logik zugrunde. Insofern verwendeten die Erbauer sie mit Recht für ihre Tempel. Die ungeheuer großen Steinkreise der Druiden in der Ebene von Salisbury demonstrieren bis heute als stumme Zeugen die Stärke dieses Glaubens.

Ähnliche Monumente aus Stein sind in kleinerem Maßstab über viele Teile Englands und Frankreichs verstreut. Allein in der nordfranzösischen Bretagne, wo vor mehreren Jahrtausenden die Kelten lebten, lassen sich fast 5000 solcher Megalithen finden. Bei einigen von ihnen handelt es sich um einzelne, roh behauene und senkrecht aufgestellte Felsblöcke, sogenannte Menhire. Dieser Name ist eine Kombination aus den alten bretonischen Wörtern *men* für „Stein" und *hir* für „lang". Es gibt Belege dafür, daß die Standorte von Menhiren sehr sorgfältig ausgewählt wurden, um bestimmten spirituellen und mystischen Zielen zu dienen. Meist gehörten sie zu Gräbern.

Ein anderer Typus von Megalith ist der Dolmen, der aus zwei oder mehr vertikalen Steinen besteht, auf denen

Der polynesischen Überlieferung zufolge werden die spiralförmigen Tätowierungen auf dem Gesicht dieses Maori dafür sorgen, daß er die Welt der Toten sicher erreicht. Nach dem Tod, so glauben die Inselbewohner, frißt eine Hexe die Spiralen und befreit so die Seele vom Körper. Wenn sie jedoch solche Tätowierungen nicht vorfindet, frißt sie statt dessen die Augäpfel.

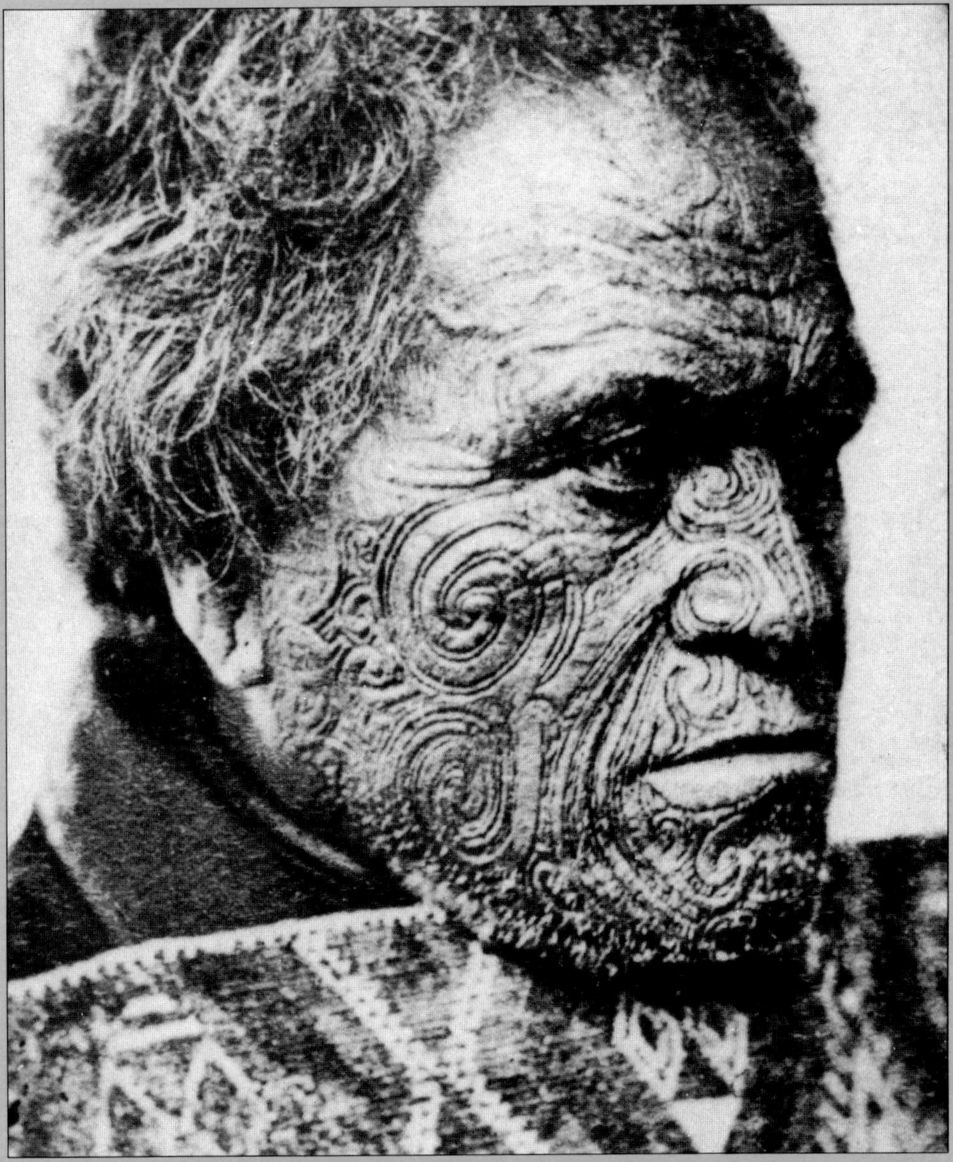

Dieses schlichte Heiligtum im japanischen Takihara, das – umrahmt von einem Rechteck aus Felsblöcken – auf einem Feld mit weißen Steinen steht, soll Schinto-Gläubige in Kontakt bringen zu ihren Toten und zu den Naturgöttern, die sie „Kami" nennen. Im Schinto-Glauben gehören alle Formen und Phänomene der Natur zu den Kami, ob Sonne und Mond, Tiere und Pflanzen oder Gewitter, Erdbeben und einfaches Gestein.

horizontal eine Steinplatte liegt; *dol* ist das bretonische Wort für „Tisch". Die Dolmen dienten vermutlich als Grabstätten und sollten nicht nur die sterbliche Hülle schützen, sondern auch den Seelen der Verstorbenen Herberge gewähren.

Nach wie vor umgeben die alten Dolmen der Bretagne, deren Entstehungszeit Tausende von Jahren vor der christlichen Zeitrechnung liegt, viele Geheimnisse, doch der Brauch, Steine aus religiösen Gründen senkrecht aufzustellen, hat durchaus überdauert: Nur wenige Stunden Fahrt trennen die berühmten Megalithruinen in Carnac von der normannischen Küste. Dort erstrecken sich Reihe an Reihe, Feld an Feld schimmernde, schlichte Kreuze. Sie kennzeichnen die Gräber der Soldaten, die während der Landung der Alliierten in Frankreich 1944, gegen Ende des Zweiten Weltkriegs, zu Tausenden den Tod fanden. Ebenso wie die alten keltischen Dolmen in der Bretagne wurden diese eindrucksvollen modernen Grabsteine aus Stein gehauen. Sie sollten symbolisch die Seelen der Menschen hüten, deren Körper der Erde zurückgegeben waren.

Steine mit angeblich besonderen Kräften wurden auch für prosaischere Zwecke verwendet. Bei vielen Völkern schrieb man Steinen mit natürlichen Löchern magische Kräfte zu. In Britannien wurden solche Steine oder Kiesel verschiedentlich Hexen- oder Zaubersteine genannt. Ein über dem Bett hängender Stein mit einem Loch sollte seinen Besitzer gegen Hexerei schützen sowie Alpträume, Rheumatismus und Nachtschweiß abwenden. Hinter der Eingangstür aufgehängt, hielt der Stein angeblich böse Geister von dem Haus fern; an einem Türschlüssel befestigt, galt er im Zusammenwirken mit dem Eisen des Schlüssels als abwehrendes Mittel gegen Unglück.

Noch stärkere magische Kraft sprach man größeren Steinen und Felsblöcken mit einer natürlichen Öffnung zu. In dem französischen Dorf Fouvent-le-Haut reichen Eltern ihr neugeborenes Kind durch die Öffnung eines solchen Steins in dem Glauben, daß das Ritual dem Kind Glück bringen und es gegen bösen Zauber schützen werde. Einige der ersten Einwohner Indiens betrachteten Steine mit Löchern als Symbole der *yoni*, der Gebärmutter der Welt. Nach ihrer Auffassung folgte die Handlung, den Körper durch ein solches Loch hindurchzureichen, einem großen weiblichen Prinzip und entsprach einem Gebet um Erneuerung. Der sogenannte Ischias- oder Kriechstein im englischen Cornwall hatte da eher mit irdischen Problemen zu tun. Menschen, die an Rückenschmerzen litten, glaubten an die Heilung ihrer Beschwerden, wenn sie neunmal mit dem Gesicht zur Sonne durch das Loch im Stein krochen.

In vielen Teilen der Welt assoziierte man Steine auch mit Fruchtbarkeit. Frauen in Südindien beispielsweise hofften, eine Empfängnis bewirken zu können, wenn sie sich an bestimmten heiligen Steinen rieben, die sie mit ihren Vorfahren in Verbindung brachten. Ähnliche Praktiken haben Anthropologen bei den australischen Ureinwohnern, den Indianern in Kalifornien und den Völkern von Neuguinea und Madagaskar entdeckt. Und noch bis weit in die 80er Jahre des 19. Jahrhunderts – auf der Höhe des scheinbar prüden Viktorianischen Zeitalters – umrundeten kinderlose Eheleute nackt einen angeblich zauberkräftigen Stein in der Nähe von Carnac im Nordwesten Frankreichs. Um die Wahrscheinlichkeit einer Empfängnis zu erhöhen, war die Anwesenheit von Verwandten bei diesem Ritual erforderlich.

Neben gesundheits- und fruchtbarkeitsfördernden Steinen kennt die Volksmedizin auch so banale Heilmittel wie Lehm, Schlamm und Sand. Lehm wurde manchmal in Kombination mit anderen Zutaten wie Zitronensaft, Essig oder Senf – zur inneren Anwendung oder in Form von Umschlägen – für eine große Bandbreite von Beschwerden verschrieben. Man setzte ihn bei der Behandlung von Ruhr, Würmern, Geschwüren, Verstopfung, Cholera und Karbunkeln ebenso ein wie bei Verbrennungen und Arthritis. Lehm, der für die Gesundheit notwendige Minerale und Eisen enthält, wird auch heute, zu Kügelchen gerollt und gebacken, wie Vitaminpillen geschluckt.

Daß Lehm ein wirksames Heilmittel sei, galt bei den frühen Ärzten nachgerade als unumstritten, so auch bei dem berühmten islamischen Denker und Arzt Avicenna (980–1037), dem arabischen „König der Ärzte", dessen Schriften im 17. Jahrhundert überall in Europa kursierten. Unter den modernen Medizinern der westlichen Welt findet der Lehm ebenfalls nach wie vor seine Befürworter. Sie glauben, daß die Substanz als starkes positives Element fungiere, das aus dem Körper Gifte mit negativer Strahlung herausschwemme. Zwar wurde bisher noch kein eindeutiger wissenschaftlicher Beweis für diese These erbracht, doch scheint außer Zweifel zu stehen, daß Lehm bestimmte therapeutische Wirkungen hat. Seine modernen Verfechter behaupten, daß Lehm als Stimulans oder Katalysator wirke, um die inneren Organe bei ihrer selbsttätigen Regenerierung zu unterstützen. Anhänger dieser Ansicht bezeichnen den Lehm als „lebendige Erde" und glauben, daß er seine Kräfte direkt aus dem lebendigen Planeten beziehe, von dem er stammt. Selbst in kleinsten Dosen, so sagen sie, enthalte der Lehm die heilende Energie, die ihm durch die magnetische Kraft der Erde in ihrer Gesamtheit verliehen werde.

Für die Gelehrten früherer Zeiten hatte eines der verwirrendsten Rätsel im Hinblick auf den Planeten, der all diese natürlichen Heilmittel zur Verfügung stellt, mit der Gestalt der Erdkontinente zu tun. Schon 1620, als die Kunst der Kartographie ausreichend fortgeschritten war, um einigermaßen exakte Landkarten zu erstellen, machte der englische Philosoph Francis Bacon (1561–1626) eine verblüffende Beobachtung. Er bemerkte, daß, wenn man Südamerika leicht kippte und neben den Umriß der afrikanischen Küste schob, die beiden Kontinente so nahtlos zusammenpaßten wie die Teile eines Puzzles. Bacon hatte selbstverständlich keinerlei Erklärung für diesen merkwürdigen Umstand.

Die Frage blieb mehr als 300 Jahre ungeklärt. Im 19. Jahrhundert dann entdeckten Gelehrte, daß östliche und westliche Hemisphäre ähnliche Gesteinsformationen und Fossilien aufwiesen. Das war ein verführerischer Beleg für die These, daß die Kontinente auf den beiden Hemisphären einst ein Ganzes gebildet haben könnten, jedoch war kein seriöser Gelehrter bereit, eine solch radikale Idee im Alleingang zu verfechten. Im Jahre 1912 stellte dann der deutsche Geophysiker und Meteorologe Alfred Wegener (1880–1930) die These auf, daß sämtliche Landmassen der Erde einmal einen Riesenkontinent gebildet hätten. Wegener nannte diese gewaltige Landmasse „Pangaea" – nach der griechischen Bezeichnung für „Gesamterde" – und vertrat die Ansicht, daß die bekannten Erdteile über einen Zeitraum von Millionen von Jahren auseinandergedriftet seien. Die meisten Geologen verwarfen Wegeners Theorie der „Kontinentalverschiebung" unverzüglich, da sie keinen praktischen Mechanismus erkennen konnten, der eine Bewegung solcher Landmassen hätte zuwege bringen können.

Trotz aller Kritik und allen Spotts hielt Wegener an seiner Theorie bis zu seinem Tode unbeirrbar fest. Während der folgenden 30 Jahre häuften sich die Belege, die sein Vertrauen in diese Theorie nachträglich mehr als rechtfertigten. Zu den Entdeckungen dieser Zeit gehörte die erstaunliche Erkenntnis, daß eine Bergkette von etwa 74 000 Kilometern Länge wie eine riesige Narbe auf dem Grund der Weltmeere verläuft. Proben vom Meeresboden, die von Forschungsschiffen entnommen wurden, ergaben unterdessen, daß der Meeresgrund von seinem Ursprung her vulkanisch und auch wesentlich jünger als die Kontinente war.

In den 60er Jahren faßte der Geologe Harry Hess aus Princeton gemeinsam mit anderen die Beweisstücke zu einer überzeugenden Theorie zusammen. Danach besteht die oberste Schicht der Erde aus etwa 20 „Platten" oder Krustensektoren. Die Kontinente, die aus etwas leichterem Material als die übrige Erdkruste sind, „schwimmen" wie Kork auf den Platten. Die Platten wiederum bestehen aus Magma, flüssigem Gestein, das hart geworden ist, nachdem es an jenem Bergrücken auf dem Meeresgrund aus dem darunterliegenden Erdmantel herausgequollen ist. Durch Magmaströmungen, die ständig durch den Mantel zirkulieren, angetrieben, bewegen sich die Platten dann langsam fort und nehmen die Kontinente mit.

Wenn zwei Platten zusammenstoßen, wird der Rand der einen unter den Rand der anderen in den Erdmantel geschoben. Die gigantische Kraft einer solchen Kollision kann dazu führen, daß die Kontinentalkruste sich in Form einer Gebirgskette auffaltet, was gewöhnlich die Ansammlung eines enormen Drucks zur Folge hat. Der Druck kann nur durch Freisetzung von Energie ausgeglichen werden, was wiederum zu dem heftigen Phänomen des Erdbebens führt, der vielleicht außergewöhnlichsten Manifestation der in der Erde vorhandenen Energie. Jeder, der jemals ein größeres Erdbeben miterlebt hat, kann die Panikgefühle bestätigen, die damit einhergehen, denn weniges hält man für so selbstverständlich wie die Stabilität der Erde; die Römer nannten sie daher *terra firma*.

Die im Zusammenhang mit einem Erdbeben auftretenden Phänomene tragen manchmal zu dem übermächtigen Gefühl einer düsteren und unheilschwangeren Atmosphäre bei. Überlebende Opfer berichten teilweise von einem polarlichtartigen Schein am Himmel, von blauen, über dem Land züngelnden Flammen oder riesigen Feuerbällen, die über den Himmel fliegen. Sie erzählen auch von beunruhigenden Geräuschen wie Explosionen, lautem Stöhnen, Grollen, Knirschen, Pfeifen und Heulen. Einige dieser Geräusche werden vermutlich durch das Auseinanderbersten des Gesteins an der Bruchlinie verursacht. Die Wissenschaftler haben jedoch eine noch merkwürdigere Erklärung für einige der Begleitgeräusche von Erdbeben. Danach könnte bei einem großen Beben der Boden wie die Fellbespannung einer riesigen Kesselpauke vibrieren. Wenn der Boden sich hebt und mehr als drei Meter fällt, erzeuge er möglicherweise seismische Schallwellen, die dann in der Atmosphäre zurückgeworfen und widerhallen würden.

Einige Religionswissenschaftler sind der Ansicht, daß vielleicht ein Erdbeben die Teilung des Roten Meeres verursacht habe, die es Moses und den Israeliten ermöglichte, aus der ägyptischen Gefangenschaft zu fliehen. Dementsprechend wird mancherorts die Auffassung vertreten, daß der „Feuer- und Schwefelball", der nach den Berichten der Bibel die verderbten Städte Sodom und Gomorrha vernichtete, auf einer durch ein Erdbeben bewirkten Freisetzung von Erdgasen und Schwefel beruhte, die sich anschließend durch Herdfeuer oder Blitze entzündeten.

Ein Aspekt, der bei Erzählungen über Erdbeben hartnäckig immer wieder auftaucht, ist der, daß Tiere Erdbeben bereits vorzeitig spüren. Über Tausende von Jahren haben Augenzeugen das seltsame Verhalten von Hunden, Katzen, Pferden, Elefanten, Vögeln, Fröschen, Fischen, ja sogar von Ameisen und Bienen in den Minuten, Stunden und Tagen vor einem Erdbeben beschrieben. Im 3. Jahrhundert beispielsweise berichtete der römische Naturforscher Claudius Aelianus, wie Mäuse und Schlangen fünf Tage vor Ausbruch eines Bebens aus der Stadt geflüchtet seien, und angeblich zwei Tage vor einer leichten Erschütterung der Erde verzeichnete man in der kalifornischen Stadt Parkfield im Jahre 1966 eine Invasion von Klapperschlangen.

Als Zone mit bedeutenden Verwerfungen hat Kalifornien noch weitere, neuerliche Belege für die Sensibilität von Tieren gegenüber Erdbeben geliefert. James Berkland, als Geologe im Gebiet von San Francisco tätig, stützt sich bei seiner Vorhersage von Beben auf höchst ungewöhnliche Daten: Er macht die Zahl von Haustieren ausfindig, die in den Kleinanzeigen der Lokalblätter als vermißt gemeldet werden. Berkland ist davon überzeugt, daß Tiere auf Ströme reagieren, die im elektromagnetischen Feld der Erde erzeugt

Auf diesem alten japanischen Farbdruck bändigt ein Naturgott im Beisein kleinerer, in Kimonos gekleideter Fische einen Hai, um das Beben auf der Erde über ihm zum Abklingen zu bringen. Untersuchungen haben ergeben, daß Haie vor einem Beben unruhig umherschwimmen, möglicherweise weil sie geringfügige Störungen im elektromagnetischen Feld der Erde wahrnehmen.

werden. Seiner Ansicht nach werden in den Tagen vor dem Erdbeben Veränderungen in diesem Feld durch einen erratischen Druck entlang der Verwerfungen ausgelöst. Diese Veränderungen genügten, um Tiere so durcheinanderzubringen und in Panik zu versetzen, daß sie weglaufen und sich verirren. Durch die kontinuierliche Überwachung der Quote von vermißten Haustieren hofft Berkland signifikante Zuwachsraten zu entdecken, die Erdbebenaktivitäten signalisieren und auf diese Weise den Ausbruch eines Bebens vorhersagbar machen könnten.

Berkland behält auch den Verlauf der Gezeiten an der kalifornischen Küste im Auge, da er glaubt, daß die enorme Energie, die durch das Anbranden der Wellen an die Küste freigesetzt wird, zu einem labilen Zustand an den Verwerfungen beitragen könne. Beim Zusammentreffen dieser beiden Indikatoren – wenn die Zahl der vermißten Haustiere zunimmt und die Flut ungewöhnlich hoch ist – bahnten sich, so Berkland, seismische Probleme an.

Berklands Theorien und sein unkonventionelles Vorgehen haben in der Wissenschaft Anlaß zu Kontroversen gegeben. Doch der Forscher besteht darauf, daß seine Vorhersagen über einen Zeitraum von 15 Jahren zwischen den 70er und 80er Jahren zu 75 Prozent zutrafen. Vielleicht ergab sich die beeindruckendste Bestätigung seiner Theorie im Herbst 1989, als eine hohe Quote von entlaufenen Haustieren mit besonders hohen Tiden an der Pazifikküste

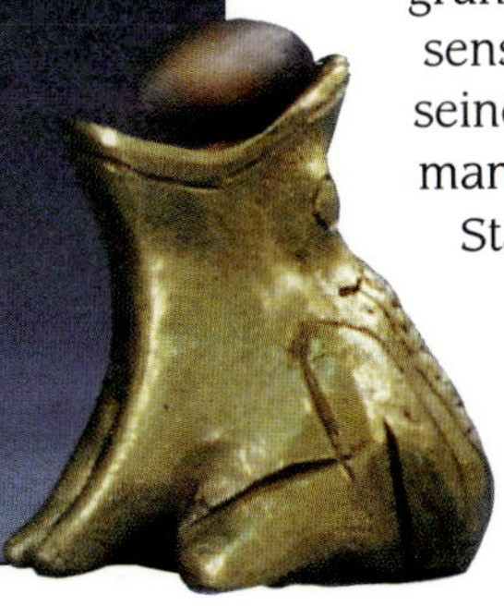

Bei dieser Nachbildung eines Seismographen aus dem China des 2. Jahrhunderts dienen Drachen, die man einst für die Urheber von Erdbeben hielt, als Detektoren der Stöße. Bei einem Beben kippt der Stab in Richtung Zentrum des Bebens, wodurch sich der Rachen desjenigen Drachen öffnet, der dem Epizentrum näher ist, und ein Ball in das Maul einer wartenden Kröte fällt. In China hält man Erdbeben für Vorzeichen politischen Aufruhrs – ein Glaube, der 1976 auf unheimliche Weise Nahrung erhielt, als ein vernichtendes Beben sechs Wochen vor dem Tod Mao Tse-tungs das Land heimsuchte.

zusammenfiel. Berkland sagte daher voraus, daß in der Woche nach dem 14. Oktober mit einem großen Erdbeben in der Bucht von San Francisco zu rechnen sei. Während Baseball-Fans aus der ganzen Welt am 17. Oktober auf den Anpfiff eines der Weltmeisterschaftsspiele warteten, begann sich, wie es Berkland vorhergesagt hatte, die Loma-Prieta-Verwerfung in der Nähe von Santa Cruz dramatisch zu verschieben, was ein Erdbeben auslöste, das 67 Todesopfer forderte und riesige Sachschäden verursachte.

Es gibt eine ganze Anzahl möglicher Erklärungen für die bei Tieren vermutete Fähigkeit, Veränderungen in den Strömen des elektromagnetischen Feldes der Erde wahrzunehmen. Im Gehirn von Bienen und Tauben, zum Beispiel, befinden sich Spuren von Magnetit, einem magnetischen Erz, das offensichtlich als eine Art innerer Kompaß fungiert und die Orientierung beim Fliegen erleichtert. Eine andere Möglichkeit könnte darin bestehen, daß Tiere eine den Biologen bislang noch unbekannte Sinnesvorrichtung besitzen, mit deren Hilfe sie die elektrisch aufgeladenen Ionen zu registrieren vermögen, die, wie man allgemein annimmt, vor einem Erdbeben in Wolken von der Erde hochsteigen.

Einige Forscher glauben, daß unter bestimmten Bedingungen Menschen ebenso wie Tiere auf diese Art elektromagnetische Energie reagierten. Der Wissenschaftler James Beal behauptet, daß Veränderungen im magnetischen Feld der Erde im Nervensystem mancher Menschen, die aufgrund einer Laune ihrer Körperchemie dafür besonders sensibilisiert sind, Reaktionen auslösen könnten. Nach seiner Ansicht haben die religiösen Führer und Schamanen längst vergangener Zeiten bei der Wahl von Standorten für ihre Tempel und die Plazierung von Omphalos-Steinen vielleicht unbewußt auf solche Informationen reagiert. Der britische Archäologe Francis Hitching bietet eine alternative Erklärung für die menschliche Sensibilität gegenüber in der Erde verborgenen Kräften. Er führt

Badegäste machen auf dieser Abbildung in einem Reiseführer des 13. Jahrhunderts eine Trinkkur in Baia, einem römischen Bad nördlich von Neapel. Jede in dem Buch genannte Quelle hatte angeblich ihre ganz besonderen Heilkräfte. Diese hier gegen Magenleiden „vertrieb auch die Seufzer".

aus, daß bestimmte Arten von Steinen, besonders Kristalle wie etwa Quarz, piezoelektrisch sind – das heißt, sie geben unter Druck eine meßbare elektrische Ladung ab. Hitching weist in diesem Zusammenhang darauf hin, daß Quarz ein Grundbestandteil vieler Gesteinsarten und demzufolge weit verbreitet ist. Nach seinen Spekulationen könnten in anderen Gesteinsformationen eingeschlossene Quarzkristalle, die großem Druck ausgesetzt werden, einen hinreichend starken elektrischen Strom abgeben, um im menschlichen Körper eine Reaktion auszulösen.

Nichts belegt, daß ein Mensch jemals so sensibel auf piezoelektrische Ladungen reagiert hat, daß er Erdbeben vorherzusagen imstande war; doch gibt es faszinierende Anhaltspunkte dafür, daß kleine elektrische Ströme gewisse Wirkungen auf Bergsteiger haben. Seit langem wird beobachtet, daß die besten Alpinisten ein geradezu unheimliches Gefühl der Einheit mit dem Fels überkommt, den sie besteigen. So etwa beschrieb die erfahrene Bergsteigerin Dolores LaChapelle eine Begebenheit, die ihr bei einer schwierigen Gipfelbesteigung in Kanada widerfahren war: Als sie sich einer Felsformation näherte, die als Kamin bekannt war, spürte sie, daß sie sich einfach nicht überwinden konnte, den Fuß auf den Felsen zu setzen. Nachdem sie mehrere Versuche unternommen hatte, den ersten Schritt zu tun, bat sie einen anderen Bergsteiger der Expedition, die Führung zu übernehmen. Nur wenige Augenblicke, nachdem der Mann den Kamin bestiegen hatte, brach die gesamte Felsmasse in sich zusammen und stürzte krachend zu Tal.

Glücklicherweise war der andere Bergsteiger nur leicht verletzt. Dolores LaChapelle jedoch stand vor einem Rätsel. Sie fragte sich, ob ihre Unfähigkeit, den Felsen anzugehen, schlicht und einfach Instinkt oder das Resultat einer wortlosen Warnung von seiten des Felsens war. Noch nach Jahren hält Dolores LaChapelle letzteres für möglich, und sie ist der Meinung, daß Hitchings Theorie dafür die wissenschaftliche Erklärung liefern könnte. Wenn die Felsen, die den gefährlichen Kamin bildeten, unter einem destabilisierenden Druck gestanden hatten, war möglicherweise genug für den Körper spürbare Spannung vorhanden, selbst wenn LaChapelle nicht in der Lage war, das Problem auf einer bewußten Ebene wahrzunehmen. „Was ich ganz sicher weiß", schloß sie nachdenklich, „ist, daß man in Einklang mit dem Fels stehen und durch häufiges Bergsteigen mit ihm vertraut sein muß, wenn man ihn überhaupt spüren will. Die anderen waren nicht so erfahrene Bergsteiger wie ich, und ihnen fiel nichts Ungewöhnliches auf, bis zu dem Augenblick, in dem die Felsen in sich zusammenstürzten."

Als Aristoteles die Luft zu den vier Grundelementen zählte, tat er dies aus Respekt vor ihrer existentiellen Bedeutung und Unentbehrlichkeit, denn ohne Luft, so argumentierte er durchaus schlüssig, könne niemand leben. Er konnte noch nicht wissen, daß Luft ein hauptsächlich aus Stickstoff und Sauerstoff bestehendes Gasgemisch ist, mit winzigen Mengen von Argon und anderen Gasen versetzt. Wie die meisten Menschen heutzutage nahm auch Aristoteles die Luft als etwas Selbstverständliches hin.

Doch läßt sich die Lufthülle auch anders betrachten: als großes Meer aus Luft und Wasserdampf, wobei letzterer die Form von Wolken annimmt. Obwohl sich 99 Prozent der Atmosphäre in der Zone der ersten 80 Kilometer über dem Meeresspiegel befinden, wurden noch Spuren von ihr in Höhen von etwa 29 000 Kilometern über der Erde entdeckt. Direkt auf dem Grund dieses Luftmeeres liegt die Erdoberfläche, auf der alle Dinge einem in etwa gleichbleibenden Druck von einem Kilogramm pro Quadratzentimeter ausgesetzt sind. Jede Veränderung des Luftdrucks hat Folgen: Sie können schwerwiegender ausfallen, wie etwa in Form von Sturmfluten, oder sich geringfügig bemerkbar machen, beispielsweise in einer Verlängerung der Kochzeit bei Eiern von drei auf fünf Minuten.

Alle Phänomene, die unter dem Sammelbegriff „Wetter" subsumiert werden – Winde, Wolken, Stürme, Regen und ähnliches –, spielen sich auf dem Boden der Lufthülle, der sogenannten Troposphäre, in einem Bereich von etwa acht bis sechzehn Kilometern Höhe ab. In dieser schmalen Zone des Luftozeans wird beständig eine ungeheure Menge an Energie gesammelt, ausgetauscht und wieder freigesetzt. Sanfte Brisen und Gewitter, das Wehen der Passatwinde und die mächtigen Jetstreams, die Zonen der höchsten Windgeschwindigkeit in etwa zehn Kilometern Höhe darstellen, Blitz, Hagel, Schneeregen und Schnee – sie alle sind Ausdrucksformen der thermischen, elektrischen und Rotationsenergie, die kontinuierlich durch das große, kreislaufartige System der Atmosphäre fließt.

Dieses gesamte Geschehen hat von jeher eine tiefe Wirkung auf die Art und Weise ausgeübt, in welcher der Mensch die Welt betrachtete. Die Kompliziertheit des Wetters sei ein konstanter Gegenstand des Interesses, notierte bereits Mark Twain vor mehr als einem Jahrhundert. Eigenartigerweise scheinen auch noch in unserer Zeit die meisten Menschen davon auszugehen, daß das Wetter ebenso unvorhersehbar sei wie zu Twains Zeiten. In Wirklichkeit hat die Meteorologie besonders in den vergangenen 30 Jahren sehr große Fortschritte gemacht. Die Vereinigten Staaten und andere Nationen geben jedes Jahr Millionenbeträge für Wettervorhersagen aus, wobei die Exaktheit und Zuverlässigkeit der Wetterberichte ständig zunimmt. Eine durchschnittliche Prognose für einen Zeitraum von 48 Stunden trifft heute zu etwa 80 Prozent zu, eine Genauigkeit, die sich gegenüber den 60er Jahren verdoppelt hat.

Für ihre Prognosen sind die Meteorologen vom Nationalen Wetterdienst der Vereinigten Staaten (und die anderer Länder) auf ein weltweites engmaschiges Datensammlungs-

Unter Sonnenschirmen zum Schutz der Augen liegen Frauen im japanischen Beppu bis zum Kinn eingegraben im heißen „Sandbad". Jedes Jahr besuchen Millionen Touristen Beppu, um Heilung zu suchen. Neben den Sandbädern schätzt man auch die Bäder in den warmen Thermalquellen.

netz – bestehend aus Satelliten, Ozeandampfern, Flugzeugen und meteorologischen Bodenstationen – angewiesen. Zweimal täglich werden Temperatur, Wind, Niederschlag, Luftfeuchtigkeit, Luftdruck und viele andere Wettervariablen registriert, der Zentrale des Nationalen Wetterdienstes in Washington gemeldet und für die anschließende meteorologische Analyse und wissenschaftliche Auswertung in einen der leistungsstärksten Computer der Welt eingespeist.

Die Wissenschaft der Wettervorhersage geht auf die Entwicklung verschiedener meteorologischer Instrumente im 18. Jahrhundert zurück. Das Barometer, das Veränderungen des Luftdrucks mißt, war das bedeutendste der neuen Geräte. Vordem verließen sich die Menschen jahrtausendelang auf weniger ausgeklügelte Methoden, um zu bestimmen, ob es schönes oder schlechtes Wetter geben würde. Viele der damaligen laienhaften Prognosemethoden haben auch in unserer Zeit noch ihre Anhänger. Manche Leute schwören zum Beispiel darauf, daß sie es „in den Knochen" spüren, ob es regnen wird. Diese Behauptung ist gar nicht so abwegig, weil die Luftfeuchtigkeit bestimmte körperliche Krankheiten wie Arthritis verschlimmern kann. Bei anderen volkstümlichen Vorhersagemethoden spielen Vögel eine wichtige Rolle. Von Schwalben heißt es, daß sie vor Regen nahe dem Boden fliegen; Möwen haben die Gewohnheit, sich zu sammeln und im Schwarm das Ende schwerer Regenfälle abzuwarten, während Gänse, ebenso wie andere Zugvögel, die Tendenz zeigen, bei gutem Wetter in größeren Höhen zu fliegen als bei schlechtem.

Andere Regeln der volkstümlichen Wetterkunde sind weniger brauchbar. In den alten Bauernweisheiten – auf die nach wie vor viele etwas geben –, daß liegende Kühe Regen ankündigten, Spinnen bei bevorstehendem Regen ihr Netz verließen oder ein dunkles Brustbein in der Erntedankfest-Pute auf einen harten Winter hindeute, scheint nicht viel Wahrheit zu stecken. Ein traditioneller Wetterindikator, der dagegen hieb- und stichfest zu sein scheint, bezieht sich auf die Streifen der Bärenraupe. Viele Leute auf dem Land schwören darauf, daß, je breiter der braune Mittelstreifen der wolligen Raupe sei, desto milder der Winter sein werde. Die Wissenschaftler haben zwar keine Beweise für diese hausgemachte Langzeit-Prognose gefunden, geben jedoch zu, daß sie bemerkenswert häufig eintrifft.

Wenn Meteorologen von „Wetter" sprechen, dann meinen sie die kurzfristigen atmosphärischen Schwankungen innerhalb von Stunden, Tagen oder Wochen. Der umfassendere Begriff „Klima" bezieht sich auf die atmosphärischen Verhältnisse über einen langen Zeitraum hinweg.

Die Klimaveränderungen über Millionen von Jahren haben das Leben auf der Erde zutiefst beeinflußt. Der Planet hat einen mehr oder minder regelmäßigen Zyklus von Eiszeiten, jeweils abgelöst von wärmeren Zwischenzeiten, durchgemacht. Pflanzenfossilien und Gestein, das von den sich über Land schiebenden Gletschern abgeschliffen wurde, weisen darauf hin, daß die Erde etwa in den letzten 600 Millionen Jahren drei große Eiszeiten erlebt hat. Auf dem Höhepunkt der letzten Eiszeit, die drei Millionen Jahre dauerte und um 8000 v. Chr. endete, war der größte Teil der Nordhalbkugel von Gletschern bedeckt. Sie dehnten sich nach Süden ungefähr bis zum 40. Breitengrad, bis hin zu den heutigen Städten Saint Louis und New York, aus und begruben das Land unter kilometerdicken Eisschichten.

Vordringen und Rückgang der Gletscher veränderten die Landschaft mehrerer Kontinente ganz entscheidend. In Nordamerika beispielsweise hob das Eis die Becken der Great Lakes aus und schob große Mengen an Sand und Erde zusammen, die Long Island in New York bildeten. Neben solch direkten Auswirkungen auf die Topographie des Landes modifizierten die Gletscher auch die Lebensbedingungen auf dem Planeten, weil sie riesige Wassermengen im Eis einschlossen. Das führte zu einer Senkung des Meeresspiegels und zur Verringerung der Regenfälle in den Tropen. Während der letzten Eiszeit gab der sinkende Meeresspiegel in der Beringsee eine Landbrücke zwischen Sibirien und Alaska frei, die es den Menschen ermöglichte, trockenen Fußes von Asien nach Amerika zu gelangen.

Aus welchen Gründen die Erde regelmäßig von Eiszeiten heimgesucht wird, darüber gibt es keine gesicherten Erkenntnisse. Eiszeiten unterliegen vermutlich dem Einfluß von Schwankungen in der Erdrotation, wodurch es zu einer Veränderung des Winkels kommt, in dem die Sonnenstrahlen auf die Erde auftreffen. Auch Fluktuationen in der Erdumlaufbahn, mit denen eine Entfernung des Planeten von der Sonne einhergeht, könnten ein ausschlaggebender Faktor sein. Selbst geringfügige Modifikationen bei der Menge der auf die Erde auftreffenden Sonnenenergie genügen, um

Orte konzentrierter Erdenergie im Land der Roten Felsen

Für Menschen mit medialer Begabung, so schreibt der New-Age-Publizist Dick Sutphen, ist die Welt mit „positiven oder negativen Kraft-Orten" überzogen, „an denen konzentrierte Energie aus dem Erdinnern strömt". Er nennt diese Orte „Wirbel" und behauptet, daß derartige „Wirbel" in Stonehenge und im Bermuda-Dreieck existieren. Noch kraftgeladener ist nach Sutphens Ansicht das Land der Red Rocks in der Nähe von Sedona, Arizona. Dort haben er und andere Sensitive vier verschiedene „Wirbel" festgestellt: Boynton Canyon *(links unten)*, Cathedral Rock *(rechts unten)*, Bell Rock und eine Stelle mit Namen Airport Mesa in der Nähe der kleinen Landebahn der Stadt.

Sedona liegt in einer Gegend, die bei den Yavapai-Indianern als heilig gilt, und hat ganze Scharen von New-Age-Pilgern angezogen. Aus Anlaß der sogenannten „Harmonischen Konvergenz" strömten beispielsweise im August 1987 mehr als 5000 Besucher in die Gegend. Viele der modernen Wahrheitssucher berichten über seltsame körperliche Empfindungen. Heiße Hände und Füße sowie ein Nachlassen der Müdigkeit sind häufig gehörte Behauptungen. Andere Besucher indes verzeichnen eine Reihe paranormaler Erfahrungen: Telepathie, automatisches Schreiben, Erinnerungen an vergangene Leben, Präkognition, Visionen, Heilungen und die Sichtung von UFOs.

Auch die Kunstgemeinde der Stadt profitiert von den „Wirbeln". Die Energie der Gegend, meint ein Galeriebesitzer, „kann nur positiv verwendet werden". Diejenigen, die Negatives schaffen wollen, so glaubt er fest, „bleiben nicht ... Die roten Felsen speien sie einfach wieder aus."

Der Vollmond geht hinter den zerklüfteten Sandsteinkuppen von Cathedral Rock (oben) auf und verstärkt angeblich die bereits ausgeprägte mediale Energie der Gegend. Links wurde von einigen New-Age-Anhängern ein steinerner „Energiekreis" in Form eines indianischen Medizinrads geschaffen, um einen Punkt im Boynton Canyon einzugrenzen, den sie für den mächtigsten „Wirbel" in Sedona halten.

Klimaveränderungen herbeizuführen. Die Wissenschaftler glauben, daß sich die außerordentlich langsame, aber stetige Verschiebung der Kontinente ebenfalls auswirkte. Mit der allmählichen Kontinentaldrift ergaben sich Veränderungen in den Meeresströmungen, die warmes Wasser vom Äquator zum Nord- und Südpol führen.

Seit dem Ende der letzten Eiszeit vor 10 000 Jahren hat mindestens eine lange Periode mit außergewöhnlichen Niedrigtemperaturen die augenblickliche Wärmezwischenzeit unterbrochen. Im 17. Jahrhundert wurde Europa von einer Reihe eiskalter Winter und kühler Sommer heimgesucht, in denen die niederländischen Grachten zufroren, die Weinlesen in Frankreich ruiniert wurden sowie Mißernten und Hungersnöte in Rußland und sogar noch weiter östlich bis hin nach China auftraten.

Diese Tendenz zur Abkühlung hielt den größten Teil des folgenden Jahrhunderts über an und kann die Ursache für die verheerend kalten Winter während des Amerikanischen Unabhängigkeitskrieges gewesen sein, in denen die Truppen Washingtons unendliche Leiden zu erdulden hatten. Die Klimahistoriker bringen die langandauernde Abkühlung dieser sogenannten „Kleinen Eiszeit" mit einem vorübergehenden Rückgang des Energieausstoßes der Sonne in Zusammenhang. Die dunklen Stellen auf der Sonnenoberfläche, die als Sonnenflecken bezeichnet werden und deren Zahl zyklisch zu- und abnimmt, fehlten während eines großen Teils dieser Periode völlig.

Bedrohlich bringt die Kleine Eiszeit in Erinnerung, daß selbst in einer relativ freundlichen Phase, wie sie die Menschheit während etwa der letzten 10 000 Jahre erlebt hat, das Klima niemals wirklich stabil ist. Sichere Anzeichen sprechen zum Beispiel dafür, daß eine kleine Kolonie, die von den Wikingern im 10. Jahrhundert in Grönland gegründet worden war, aufgrund einer Klimaveränderung in der Region 500 Jahre später bereits nicht mehr existierte. Es läßt sich nicht von der Hand weisen, daß solch ein Schicksal auch zukünftigen Generationen in anderen Teilen der Welt bevorstehen könnte. Seit Beginn der Industriellen Revolution vor 200 Jahren gelangten durch die Verbrennung von Kohle und Öl viele Millionen Tonnen von Kohlendioxid in die Atmosphäre, was zu einer Speicherung der von der Erde abgestrahlten Sonnenhitze und damit zu einer langsamen Temperaturerhöhung geführt hat. Manche Klimatologen vermuten, daß dieser sogenannte „Treibhauseffekt" die Temperatur auf der Erde seit etwa 1900 um ein halbes Grad Celsius erhöht hat – und sie erwarten eine Beschleunigung dieses Trends. Obwohl die Berechnungen der mit diesem Problem befaßten Wissenschaftler im Augenblick noch sehr spekulativ sind, läßt sich die Möglichkeit, daß die Temperaturen in einem Jahrhundert im Durchschnitt um etwa fünf Grad Celsius höher liegen werden als heute, nicht ausschließen. Ergebnisse solcher Veränderung wären verheerende Hitzewellen, lange Dürreperioden und die Anhebung des Meeresspiegels, die sich durch die Ausdehnung des Meerwassers, das in erwärmtem Zustand mehr Volumen hat, und ein partielles Schmelzen der Polkappen ergeben würde.

Wenn Luft und Atmosphäre zu Alarmsignalen potentieller Gefahren der Zukunft geworden sind, so war es in der Vergangenheit das dritte aristotelische Element, das Feuer, das am stärksten für Gefahr stand. Feuer war der Blitz, der von den Göttern herabgeschleudert wurde, und die aggressive Bedrohung des ausbrechenden Vulkans. Es war eine mächtige Kriegswaffe und die letzte Geißel des plündernden barbarischen Eroberers. Feuer konnte aber auch ein positives Symbol des Trostes und des Heimelig-Guten sein. Es bedeutete die beruhigende Glut im Herd oder Kamin sowie das verzaubernde Leuchten des Nordlichts.

Alles Leben hängt von dem gewaltigen Energiefluß ab, der aus dem riesigen Feuerball strömt, den wir Sonne nennen. Die Sonnenenergie erwärmt die Erde und nährt die Pflanzen, von denen letztendlich die gesamte Tierwelt und auch wir selbst abhängen. Sonnenlicht und Sonnenwärme sind Produkte einer sich ständig vollziehenden Kernfusion, bei der im Zentrum des Sterns Wasserstoff unter immensem Druck in Helium umgewandelt wird.

Das Feuer, wie es normalerweise auf der Erde in Erscheinung tritt – beim Entzünden eines Streichholzes oder in den blauen Flammen eines Gasherdes zum Beispiel –, ist das Produkt einer chemischen Reaktion, der raschen Fusion von Sauerstoff mit anderen Substanzen. Die Sauerstoffatome verbinden sich besonders gut mit Wasserstoff- und Kohlenstoffatomen, und diese sind die Hauptbestandteile solch gängiger Brennstoffe wie Kohle, Benzin, Erdgas und Holz. Bei der chemischen Reaktion werden Wärme und

Licht zusammen mit Nebenprodukten wie Ruß (unverbrauchter Kohlenstoff) und Rauch (eine Kombination aus Wasserdampf, Kohlendioxid und Ruß) frei. Der Fachterminus für diesen Prozeß lautet „Verbrennung", ein Begriff, der an die beteiligten explosiven Kräfte erinnert.

Zu lernen, das Feuer zu beherrschen und zu nutzen, war für die Entwicklung der menschlichen Kultur ebenso wichtig wie die Erfindung des Werkzeugs und der Sprache. Das Feuer schützte vor Raubtieren und machte die Menschen zu besseren Jägern. Zur Taktik der frühen Jäger gehörte es, Buschfeuer zu legen, um das Wild in Fallen zu treiben, in denen es leicht zur Strecke gebracht werden konnte. Feuer war eine der Waffen, welche die ersten Höhlenbewohner benutzten, um ihre Behausungen gegenüber wilden Tieren zu verteidigen. Und endlich machten Wärme und Licht des Herdfeuers die Höhlen wohnlich. Einige Höhlen liefern Anhaltspunkte dafür, daß sie mehr als 50 000 Jahre ununterbrochen als menschliche Behausung gedient haben. Die Anthropologen glauben, daß die Gewohnheit, in der Gruppe am Feuer zu kochen und zu essen, bei den ersten Jägern und Sammlern die mündliche Kommunikation gefördert und so einen Beitrag zur Entwicklung der Sprache geleistet habe.

Jeder, der schon einmal an einem Lagerfeuer gesessen hat, um schaudernd einer Gespenstergeschichte zu lauschen, kann die wichtige Rolle ermessen, die das Feuer in den magischen und religiösen Urritualen der Menschheit gespielt haben muß. Schamanen und Priester haben sich mit Sicherheit des Feuers bedient, um die für ihre Zeremonien angemessene Stimmung zu schaffen, und noch heute spielt das Feuer selbst in den asketischsten Religionen weiterhin eine Rolle. Auf den Altären der meisten christlichen Kirchen brennen Kerzen. In der römisch-katholischen Kirche zünden die Gläubigen für die Seelen ihrer Verstorbenen Kerzen an; die Juden feiern die Chanukka, das Lichterfest, indem sie rituell die Kerzen der Menora zi Chanukka, des neunarmigen Leuchters, entzünden.

Das rituelle Feuer hat schon vor langer Zeit auch in Staatsangelegenheiten eine Rolle gespielt. Im kaiserlichen Rom glaubte man, daß die Geschicke des Staates von einer heiligen Flamme abhingen, die im Tempel der Vesta, der Göttin des Herdfeuers, brannte. Die Franzosen unterhalten eine ständige Flamme unter dem Arc de Triomphe, um der Toten aus zwei Weltkriegen zu gedenken. Und auf dem Arlington-Nationalfriedhof in Virginia brennt eine Fackel am Grab des ermordeten Präsidenten John F. Kennedy.

Dieser rituelle Gebrauch des Feuers ebenso wie seine vielfältigen praktischen Anwendungsmöglichkeiten – etwa zum Kochen und Heizen, zur friedlichen industriellen Nutzung und bei kriegerischen Auseinandersetzungen – zeigen, daß und wie die Menschen gelernt haben, das Feuer zu domestizieren und die durch die Verbrennung freigesetzte Energie zu nutzen. Zwei ehrfurchtgebietende natürliche Quellen dieser Energie, die Vulkane und der Blitz, konnten allerdings niemals unter Kontrolle gebracht werden und haben deshalb für die Menschen eine Faszination bewahrt, die sich in Mythologie und Folklore widerspiegelt.

Vulkane haben fast überall auf der Erde – dort, wo es sie gibt – zu Göttermythen inspiriert. Der Name dieser unberechenbaren, zerstörerischen Berge leitet sich von Vulcanus her, dem römischen Gott des Feuers. Die Bewohner von Hawaii beispielsweise, der Inselgruppe mit einigen der aktivsten Vulkane der Welt, besitzen einen umfangreichen Schatz von Mythen über Pele, die launische Feuergöttin. Der Sage nach entfesselte sie Ströme von Lava, wenn ihre Untertanen sie verärgerten, und ein einfaches Aufstampfen ihres Fußes genügte, um die Erdbeben hervorzurufen, von denen Vulkanausbrüche oft begleitet werden. Als 1881 der größte Vulkan Hawaiis, der Maunakea, ausbrach und die Stadt Hilo unter der Lava zu begraben drohte, brachte man eilends ein Mitglied der königlichen Familie zum Ort des Geschehens. Die Prinzessin sang, sprach vor der Lava Gebete und brachte Opfergaben dar in Form von Seidenschals und einer Flasche Branntwein. In der lokalen Überlieferung heißt es, daß Pele mit diesen Gaben zufrieden war, dem Lavastrom kurz vor der Stadt Einhalt gebot und den Maunakea beschwichtigte. Es spricht einiges dafür, daß man in prähistorischen Zeiten auf Hawaii auch vor Menschenopfern nicht zurückschreckte, um die Vulkane zu besänftigen, was ebenso in Zentralamerika, Afrika und auf Java üblich war.

Wissenschaftler, die sich mit der Vulkantätigkeit befassen, haben weltweit etwa 600 aktive und 10 000 untätige oder erloschene Krater ausgemacht. Diese Kategorisierung erscheint indes etwas willkürlich, wenn man bedenkt, daß angeblich untätige Vulkane wiederholt zu neuem Leben erwachten. So war der italienische Vesuv jahrhundertelang erloschen gewesen, bevor er im Jahre 79 n. Chr. ausbrach und Pompeji sowie zwei andere an seinem Fuß gelegene Städte unter einem Aschenregen begrub. In den folgenden tausend Jahren brach der Vesuv mindestens einmal in jedem Jahrhundert aus. Dann regte er sich 600 Jahre lang nicht mehr, um sich 1632 erneut zu entladen. Seitdem ist der Vulkan aktiv geblieben.

Der Ausbruch des Vesuv war nur ein kleiner Knall im Vergleich zu der Wucht, mit der zwei indonesische Vulkane im 19. Jahrhundert detonierten. Die Eruption des Tambora im Jahre 1815 verursachte einen Aschenregen – nach Schätzungen einige Milliarden Kubikmeter –, der drei Tage den Himmel verdunkelte. Die in die Atmosphäre geschleuderte Asche, die vom Jetstream weitergetragen wurde, blockierte so viel Sonnenlicht, daß die Temperatur während der folgenden Jahre weltweit sank. Farmer in den Vereinigten Staaten erlebten Fröste im Juli und erinnerten sich an das Jahr 1815 als „das Jahr ohne Sommer". 1883 wurde die Vulkan-Insel Krakatau durch eine Explosion in die Luft gesprengt, die man in über 3000 Kilometern Entfernung hören konnte. Das die Eruption begleitende Erdbeben entfesselte eine gewaltige Flutwelle, der 36 000 Menschen auf den nahe gelegenen Inseln Java und Sumatra zum Opfer fielen.

Die indonesischen Inseln sind Teil eines riesigen, aus der Landküste und dem Meeresboden des Pazifiks bestehenden Ringes, an dem die Erdkruste besonders dünn ist und unter Spannung steht. Diese Schwäche ermöglicht dem Magma aus dem darunterliegenden Erdmantel, an einigen Stellen zutage zu treten. Der Westrand des Pazifiks wird von Vulkanen gesäumt, während der Ostrand zum Teil aus den von geologischen Verwerfungen geprägten und erdbebenanfälligen Küsten von Kalifornien und Alaska besteht. Die

Ein Javaner tröpfelt nahe dem Rand des Abgrundes mit größter Vorsicht Orangensaft in den rauchenden Krater des Mount Bromo (unten), einem der 16 noch aktiven Vulkane der Insel Java. Einheimische hoffen, daß solche Gaben – zu denen auch Geld, Blumen und Nahrungsmittel (rechts) gehören – den Gott des Berges davon abhalten, aktiv zu werden. Bei Vulkanausbrüchen kehren sie dann manchmal mit zusätzlichen Opfergaben zum Kraterrand zurück und setzen ihr Leben aufs Spiel, um den ärgerlichen Gott zu besänftigen.

durch Vulkantätigkeit entstandene Inselgruppe von Hawaii befindet sich in der Mitte einer tektonischen Platte, doch liegt sie über einem sogenannten *Hot spot*, wie Geologen eine Stelle nennen, an der sich Magma aus dem Erdmantel mit Gewalt einen Weg durch die Kruste gebahnt hat.

Im Atlantik sind die vulkanisch hochaktiven Isländischen Inseln an der Nahtstelle zwischen zwei Platten gelegen. Die Isländer haben den einzigen Vorteil genutzt, den eine vulkanisch aktive Region bietet: Sie verwenden die durch die unterirdische Hitze der Vulkane bedingte Wärme der geothermalen Quellen, um ihre Häuser zu beheizen und Elektrizität zu erzeugen. Neuseeland und Japan haben mit Erfolg das gleiche getan.

Während Vulkane neben ihrem unvergleichlichen Zerstörungspotential auch einige Vorteile aufzuweisen haben, bietet der Blitz keinerlei positiven Ausgleich. Blitze treten gewöhnlich in Verbindung mit Gewittern auf, den verschwenderischsten Energieausbrüchen der Atmosphäre überhaupt – Schauspiele, die ebenso furchteinflößend wie grandios sein können. Die sich mit den Schimpansen befassende Verhaltensforscherin Jane Goodall hat beobachtet, wie diese Tiere in freier Wildbahn auf dem Höhepunkt eines Gewitters in spontanes Schreien und Knurren ausbrachen und aufgeregt umherzulaufen begannen. Die elementare Gewalt eines schweren Gewitters rief bei den ersten Menschen zweifellos ähnliche Reaktionen hervor – und unsere Zivilisation hat nicht wirklich vermocht, diese Urangst in uns zu verdrängen oder gar zu besiegen.

Nach Schätzungen der Meteorologen gehen im Jahr weltweit 16 Millionen Gewitter nieder; in jedem beliebigen Augenblick toben auf unserer Erde zwischen 2000 und 6000

Das Nordlicht verbreitet seinen magischen Schleier über einem Wald in Alaska. Ebenso wie ein Komet soll das Polarlicht Feuer und Blutvergießen ankündigen. Beeindruckende Schauspiele fanden in Großbritannien und den Vereinigten Staaten statt, kurz bevor diese in den Zweiten Weltkrieg eintraten. Für die Eskimos der Arktis hat dieses Licht eine andere Bedeutung: Polarlichter sind die Fackeln von Geistern, die die Toten ins Paradies geleiten.

Gewitter. Die maximale Stromstärke eines Blitzes liegt bei 20 000 Ampère, doch geht die gesamte elektrische Energie der geschätzten zwei Milliarden Blitze, die sich jedes Jahr entladen, verloren. In den Vereinigten Staaten fordern Blitze jährlich durchschnittlich 400 Todesopfer. Gleichwohl überleben drei von vier Getroffenen, manchmal mit schweren Verbrennungen, oft bekommen sie jedoch nicht einmal einen Kratzer ab. Der Blitz hat schon Menschen die Kleider vom Leib gerissen, ohne ihnen ein Haar zu krümmen, und – so ist zumindest in einem Fall verbürgt – einem Blinden das Augenlicht wiedergegeben.

Der Blitz ist die elektrische Entladung zwischen zwei entgegengesetzt geladenen Wolken oder zwischen einer Wolke und der Erdoberfläche. Meist tritt er als verästelter Linienblitz auf, der aus den Wolken hervorzuckt, kann jedoch auch in Form des Perlschnurblitzes erscheinen, eines gebündelten Strahls, der in Stränge von einzelnen Blitzen zerfällt. Das Elmsfeuer, eine gespenstische Variante des Blitzes, zeigt sich bei Gewitterlage an den Masten und Rahen von Schiffen oder an den Tragflächen von Flugzeugen. Es besteht aus Büscheln bläulichen Lichts – der sichtbaren Manifestation einer elektrischen Ladung –, die an einem Punkt haften oder entlang der schmalen Kante einer Metalloberfläche glimmen. Das Irrlicht hingegen setzt sich aus schwach schimmernden Flämmchen zusammen, die in geringer Höhe über sumpfigem Gelände schweben.

Kugelblitze sind ein sehr seltenes und wahrhaft geheimnisvolles Phänomen. Anders als das Elmsfeuer bleibt der Kugelblitz nicht an seinem Entladungspunkt, sondern läuft – gewöhnlich in Form einer Leuchtkugel – über den Himmel oder in Bodennähe an Telephonkabeln und Zäunen entlang. Der Kugelblitz dauert meist nur wenige Sekunden und endet entweder in einem explosionsartigen Knall oder in unheimlicher Stille. Manchmal hat er zerstörerische Wirkungen, es ist aber auch schon vorgekommen, daß er mitten durch feste Gegenstände hindurchgegangen ist, ohne eine Spur zu hinterlassen. Die Existenz der Kugelblitze ist hinreichend belegt, doch wurden sie von den Wissenschaftlern niemals befriedigend erklärt.

Zweifellos das spektakulärste Feuer-Schauspiel am Himmel ist das Nord- oder Polarlicht. Diese schimmernden Schleier aus vergänglichen Rot- und Blautönen treten im Winter auf, gewöhnlich auf der Höhe des nördlichen Polarkreises, hin und wieder aber auch soweit südlich wie über London oder New York. Das Polarlicht wird durch elektrische Korpuskularstrahlung der Sonne verursacht, die, eingefangen durch das erdmagnetische Feld, in den hohen Schichten der Atmosphäre Leuchtprozesse anregt.

Als Substanz mit dem größten Vorkommen auf der Erde hätte das Wasser unter den Elementen des Aristoteles kaum fehlen dürfen. Wie Erde, Luft und Feuer ist auch das Wasser eine Verbindung grundlegenderer Komponenten: Auf zwei Moleküle Wasserstoff kommt ein Molekül Sauerstoff. Doch hat man es wegen seiner einheitlichen Beschaffenheit und seines berechenbaren Verhaltens traditionell für eines der reinsten Elemente gehalten. Im 17. Jahrhundert bezeichnete der belgische Arzt, Chemiker und Alchimist Johann Baptist van Helmont (1577–1644) – der den Namen „Gas" für den dritten Aggregatzustand einführte – Wasser als die *materia prima*, als die Urmaterie schlechthin, von der alles andere auf Erden abstamme. Die Überzeugung, daß Wasser ein Lebenspender sei, zieht sich denn auch wie ein roter Faden durch viele, wenn nicht fast alle Kulturen.

Drei Viertel des Globus sind mit Wasser bedeckt, hauptsächlich mit dem Salzwasser der Ozeane. Allein der Pazifische Ozean nimmt eine Fläche ein, die größer ist als alle Landmassen der Erde zusammen. Von den vorhandenen drei Prozent Süßwasser auf dem Planeten ist lediglich ein Viertel flüssig. Die übrigen 75 Prozent sind in Gletschern und den Polkappen eingefroren und somit gebunden. Dennoch speist der sehr geringe Prozentsatz von Süßwasser, das nicht gefroren ist, genügend Quellen, Bäche, Flüsse, Ströme, Brunnen und Grundwasserreservoire, um das Leben auf der Erde zu erhalten.

Fast alles Wasser auf der Erdoberfläche fließt letztendlich ins Meer, doch muß ein etwa gleich hoher Anteil auf irgendeine Weise zur Erde zurückströmen. Vor mehr als 2000 Jahren schien der anonyme Verfasser des biblischen Buches Prediger Salomo diesen Kreislauf intuitiv zu erfassen: „Alle Wasser laufen ins Meer, doch wird das Meer nicht voller; an den Ort, da sie her fließen, fließen sie wieder hin."

Wie das Gleichgewicht dieses Kreislaufs gewahrt wird, blieb jedoch viele Jahrhunderte lang ein tiefes Geheimnis. Das erste Rätsel für die frühen Naturphilosophen war die

Ein gefährlicher Strudel von nur 1,80 Meter Durchmesser markiert die Stelle, an der die Gezeiten und andere Strömungen in der Straße von Messina zwischen Sizilien und dem italienischen Festland zusammenfließen. Dieser Strudel, der groß genug ist, um kleine Fischerboote in die Tiefe zu ziehen, mag Homer als Vorlage für sein fiktives Meerungeheuer Charybdis gedient haben, welches Meerwasser – und glücklose Seeleute – in seinem gähnenden Schlund verschlang.

Frage, warum die Ozeane trotz des Zuflusses aus all den Flüssen der Welt niemals überquollen. Eine der zahlreichen Hypothesen ging davon aus, daß das Meerwasser durch riesige Strudel nach unten gezogen werde, bevor es in den Flüssen wieder an die Oberfläche trete.

Aber diese Annahme führte nur zu einer weiteren schwierigen Frage: Wie konnte das Wasser an Land süß sein, wenn sämtliche Meere als Quelle dieses Wassers salzig waren? Erst im späten 18. Jahrhundert begriff man, daß die Antwort auf beide Fragen in der Existenz des Regens bestand. Das Seewasser verdunstet in die Atmosphäre und läßt dabei das Salz zurück; wenn dann die Feuchtigkeit aus den Meeren als Regen wieder auf die Erde fällt, füllt sie das Grundwasser auf und tritt schließlich in Form von Quellen, Brunnen und Flüssen wieder an die Oberfläche. Viele Beobachter haben – was sich buchstäblich als Analogie aufdrängt – den ständigen Fluß des Wasserkreislaufs der Erde mit dem menschlichen Blutkreislauf verglichen, der ebenfalls keinen Anfang und kein Ende kennt.

Die meisten Wissenschaftler stimmen darin überein, daß das Leben auf der Erde mit an Gewißheit grenzender Wahrscheinlichkeit im Wasser seinen Anfang nahm, vielleicht in warmen Meerwassertümpeln, in denen Aminosäuren sich zu komplexen Eiweißketten verbinden konnten. Ein solcher Prozeß kann vor 3,6 Milliarden Jahren stattgefunden haben, aber noch einmal 3,2 Milliarden Jahre mußten vergehen, bevor die Amphibien, die entferntesten Vorfahren der Gattung Mensch, aus dem Wasserschlamm krochen, um sich auf dem Land niederzulassen.

Die Völker des Altertums betrachteten die Meere zugleich mit Ehrfurcht und Angst. Die Babylonier, die an den Ufern von Euphrat und Tigris, dem Gebiet des heutigen Irak, siedelten, hielten die Ozeane für einen „Sitz der Weisheit" und glaubten, daß ihr Meeresgott Oannes aus dem Persischen Golf emporgestiegen sei, um der Menschheit die Kultur, die Schrift und die Astrologie zu bringen. Die Griechen sahen das Meer hingegen als unberechenbaren und verräterischen Gegner an, Eigenschaften, die ihr Meeresgott Poseidon verkörperte. Jeder Seemann fürchtete den Zorn dieses launischen Gottes, der mit einer Bewegung seines Dreizacks eine spiegelglatte See in einen sturmgepeitschten Alptraum aus heulenden Winden und tosenden Wogen verwandeln konnte. Es paßte zum destruktiven Charakter Poseidons,

Wissenschaftler auf einem Floß (gegenüber) erkunden auf dieser aus dem Jahre 1961 stammenden Luftaufnahme ein altes Strudelloch in der Nähe der Maya-Ruinen von Chichén Itzá. Die Maya-Priester warfen lebende Frauen und Kinder in die Grube, um von den Göttern Regen zu erflehen.

daß man ihn gleichfalls als den Gott fürchtete, der mit verheerenden Erdbeben die Menschen bestrafte.

Flüsse galten – ähnlich wie die Meere, zu denen sie hinfließen – ebenfalls als mächtige Spender und Vernichter von Leben. Fast alle großen Kulturen der Frühzeit entstanden an Flüssen. Diese Völker beteten Götter an, die über den fruchtbaren Lauf der großen Ströme geboten. Doch die Überschwemmungen, die das Ackerland einerseits mit nährstoffreichem Schlick versorgten und damit das Gedeihen dieser Kulturen ermöglichten, konnten andererseits ebenso schreckliche Zerstörungen bewirken. Daher galten Flüsse auch als Heimstatt böser Geister.

Die Macht, die man den Flüssen zuschrieb, spiegelt sich am dramatischsten in einer vielen Kulturen gemeinsamen Schilderung von einer „Großen Flut" wider, bei der auf eine massive Zerstörung eine Erneuerung folgt. Die biblische Geschichte von Noah und der Sintflut ist wohl die bekannteste Variante dieser Geschichte; Bibelforscher glauben jedoch, daß das Thema der biblischen Erzählung von einer sumerischen Legende übernommen wurde.

Die Griechen besaßen ihr eigenes Epos von einer epochalen Flut. In ihrer Version ist Zeus über die Boshaftigkeit der Menschheit empört und will das Reich der Sterblichen in einer mächtigen Sintflut vernichten. Die Noah-Figur im griechischen Mythos ist Deukalion, ein Sohn des Prometheus. Sagen von Überschwemmungen finden sich auch im Mythenschatz von Norwegen, Litauen, Wales, Zentralamerika, Australien, Iran und China.

Auch bei zahlreichen nordamerikanischen Indianerstämmen finden sich Berichte von einer Sintflut. Wissenschaftler mutmaßen jedoch nach Erforschung dieser Überlieferung, daß diese Erzählungen auf der biblischen Geschichte von Noah basieren, die von den ersten Missionaren erzählt wurde und sich dann von Stamm zu Stamm weiterverbreitete. Doch könnten einige der indianischen Flut-Legenden durchaus von einem Ereignis berichten, das keineswegs fiktiv ist, sondern tatsächlich, und zwar vor etwa 10 000 Jahren – gegen Ende der letzten Eiszeit –, stattgefunden hat. Es gibt geologische Anhaltspunkte dafür, daß zu jener Zeit ein natürlicher Eisdamm schmolz und der Inhalt eines riesigen Sees sich über den Großteil jenes Gebietes ergoß, das heute der östliche Teil des Bundesstaates Washington einnimmt.

Naturkatastrophen gewaltigen Ausmaßes lagen vielleicht auch anderen Flut-Legenden zugrunde. Der sumerische Bericht, auf dem die Noah-Geschichte vermutlich fußt, könnte eine Erinnerung an eine Überschwemmung sein, die etwa im Jahre 2800 v. Chr. einen Großteil der Tigris- und Euphratniederungen verwüstete.

Der Flut-Mythos des Deukalion soll – nach der Ansicht einiger Wissenschaftler – gleichfalls auf einer verheerenden Flutwelle beruhen, die durch eine Vulkaneruption auf der ägäischen Insel Santorin etwa 1500 v. Chr. ausgelöst wurde. Dieser Hypothese zufolge überspülten die Wellen von Santorin aus die Insel Kreta und waren somit Ursache der plötzlichen Vernichtung der dortigen minoischen Kultur. Mit dem Niedergang der minoischen konnte dann die mykenische Kultur auf dem griechischen Festland Einfluß gewinnen.

Dieser heilige Brunnen in der irischen Grafschaft Clare, an dem sich Opfergaben für die Geister häufen, ist für die Heilung von Zahnschmerzen bekannt; er soll aber auch Gesundheit und Fruchtbarkeit verleihen.

Die gigantische Läuterung der Erde und die darauffolgende Wiedergeburt der Menschheit, wie sie in vielen Mythen von einer Großen Flut dargestellt wird, spiegelt sich auf einer persönlichen Ebene in dem Sakrament der Taufe. Der Gläubige, der sich dieser rituellen Weihe unterzieht, stirbt symbolisch und wird im Geiste wiedergeboren. Obwohl man die Taufe hauptsächlich mit dem Christentum in Verbindung

bringt, war sie auch bei den alten Hebräern allgemeiner Brauch. Bei den Griechen war eine der heiligsten Zeremonien des Kultes um die Fruchtbarkeitsgöttin Aphrodite ein rituelles Bad ihrer Statue. Diese Gepflogenheit wurde in den christlichen Marienkult übernommen und transformiert. In Zeiten der Dürre wuschen die Gläubigen ihre Ikonen und flehten die Muttergottes an, ihnen Regen zu schicken.

Die, wie es scheint, zeitlose Verbindung zwischen Wasser und Fruchtbarkeit demonstriert auch der Umstand, daß im sumerischen Alphabet der Buchstabe A – je nach Zusammenhang – „Wasser", „Sperma", „Empfängnis" oder „Zeugung" bedeuten konnte. Und im Schöpfungsmythos der Pima-Indianer von Neu-Mexiko war ein Regentropfen ausreichend, um Mutter Erde zu schwängern. Auch die Buddhisten feiern die reinigende Wirkung und Kraft des Wassers. Viele buddhistische Tempel wurden über heiligen Quellen errichtet, damit die Gläubigen darin baden konnten, bevor sie mit ihren Gebeten begannen.

In Westeuropa wird nach einer uralten Tradition heiligen Quellen eine heilende Kraft zugeschrieben. Bei den Griechen beispielsweise besteht seit mindestens rund 2500 Jahren der auch noch heute gültige Brauch, zur endgültigen Genesung eine Trinkkur zu machen. In verschiedenen Teilen Britanniens gab es ebenfalls heilige Brunnen lange vor der christlichen Zeitrechnung. Die heidnischen Bewohner hielten solche Quellen für Geschenke der Erdgöttin. Die Orte wurden in der Regel später von der Kirche sanktioniert und von den Christen wegen der ihnen zugeschriebenen Fähigkeit verehrt, alle Krankheiten zu heilen, angefangen von Warzen bis hin zu Keuchhusten.

Die unzweifelhaft berühmteste amerikanische Legende über ein Heilwasser ist die des spanischen Konquistadoren Juan Ponce de León. Im Alter von 63 Jahren brach der große Forschungsreisende zu einer Expedition durch Florida auf, um einen sagenumwobenen Jungbrunnen zu finden. Der Kalksteinuntergrund in dieser Gegend bietet in der Tat günstige Voraussetzungen für einige der größten und reinsten Quellen der Welt. Aber wie Ponce de León zu seinem Kummer herausfand, kann keine von ihnen den Alterungsprozeß verhindern oder gar rückgängig machen.

Aus der Erde sprudelndes Heilwasser zu trinken hat seine Anziehungskraft in heutiger Zeit keineswegs verloren. Die meisten Mediziner äußern sich zwar eher abschätzig über die angeblichen Heilwirkungen von Mineralwässern, doch scheinen einige dieser verpönten sogenannten Trinkkuren tatsächlich gesundheitsfördernde Wirkungen zu haben. Da alkalisches Wasser beispielsweise die Magensäure neutralisiert, ist es ein durchaus effizientes Mittel gegen Verdauungsstörungen. Wasser mit einer hohen Konzentration von Bittersalzen führt ebenfalls auf natürliche Weise ab, und wer an Anämie, Blutarmut, leidet, kann von Wasser mit einem hohen Eisengehalt profitieren.

Vielleicht ist es von Bedeutung, daß die Minerale und Salze des jeweiligen Heilwassers aus den Steinen und Sedimenten der Erde – dem ersten der Elemente des Aristoteles – herausgewaschen werden. Welche Rolle auch immer der Segensreichtum des Wassers, die Kraft des Feuers oder die Allgegenwart der Luft spielen mögen – das untrennbarste Band der Menschheit verknüpfte sie immer mit Mutter Erde selbst. Obgleich diese Verbundenheit wohl in primitiven menschlichen Gesellschaften am deutlichsten spürbar war, ist die Beziehung für diejenigen, die heute meinen, sie wahrnehmen zu können, unvermindert stark.

C. G. Jung, der sich als Kind so sehr mit seinem Stein im elterlichen Garten identifiziert hatte, bestätigte auch in seinem Erwachsenenleben seine Überzeugung, sich mit Hilfe der Steine die Energie der Erde verfügbar machen zu können. Im Jahre 1923 begann er im Alter von 48 Jahren mit dem Bau eines Steinhauses in Bolligen in der Nordschweiz. Im Laufe der Zeit erweiterte er das Haus beständig und verwendete dafür Steine aus einem nahe gelegenen Steinbruch. Jede Erweiterung entsprang gewiß einem praktischen Bedürfnis nach mehr Raum; sie drückte aber auch eine Facette seiner Persönlichkeit aus, die er in Stein festhalten wollte. Er beendete seine Bauaktivitäten im Jahre 1955, nach dem Tod seiner Frau. Die letzte räumliche Erweiterung bestand in einem oberen Stockwerk, das, wie Jung es ausdrückte, „mich selber oder mein Ich darstellte".

Von Anfang an verstand Jung das Haus in Bolligen als eine Art Mutterschoß, in dem, wie er notierte, „ich wieder sein konnte, wie ich bin, war und sein werde". Als der Bau abgeschlossen war, bildete er Jungs Bindeglied zu seinem eigenen Lebensgeist und gab ihm das Gefühl, gewissermaßen in Stein wiedergeboren zu sein. Durch diese Affinität zu einem der Elemente der Erde war Jung vielleicht imstande, mit dem Geist des Planeten als Ganzen in Kontakt zu treten.

Heilige Bäume

Vor vielen hundert Jahren brachten heidnische Priester in Frankreich den von ihnen verehrten Bäumen Menschenopfer dar, und noch im 19. Jahrhundert schmückten die Bauern in Estland bestimmte Bäume mit Kränzen und opferten ihnen, um Segen für ihr Vieh zu erflehen. Selbst in unserer Zeit huldigen christliche und moslemische Pilger einem alten, knorrigen arabischen Feigenbaum an der Stadtgrenze von Kairo. Der heilige Baum, unter dem sich angeblich die Jungfrau Maria auf ihrer Flucht nach Ägypten ausgeruht hat, soll Heilkräfte besitzen und mancherlei Beschwerden kurieren können.

Für viele Völker der Frühzeit symbolisierten Bäume – vor allem solche von imposanter Größe, beeindruckender Schönheit oder majestätisch hohem Alter – das Wunder der Schöpfung und wurden aus diesem Grunde als göttlich verehrt. Die Wälder hielt man für die Heimstatt der Götter, und bestimmten Bäumen, die man mit besonderen Gottheiten in Verbindung brachte, wurden magische Kräfte zugeschrieben. Um die Götter zu besänftigen, legten die Gläubigen Opfergaben unter die Bäume, beteten oder meditierten im Schutze ihrer mächtigen Äste oder banden rituelle Gegenstände an die Zweige.

Einige Bäume, darunter der arabische Feigen- und der feigenbaumähnliche Bo-Baum, unter dem Gautama Buddha nach Erleuchtung gestrebt und sie auch erlangt haben soll, galten infolge ihrer Verbindung mit religiös bedeutsamen Gestalten als heilig. Andere wurden wegen ihrer Nützlichkeit verehrt. In Indien beispielsweise, wo der kühle Schatten von ausladenden Bäumen hoch willkommen ist, sind Banyans aufgrund religiöser Anordnungen geschützt. Die folgenden Seiten zeigen eine Anzahl dieser tief verehrten Bäume, darunter auch solche, denen heilende oder weissagerische Kräfte zugeschrieben werden.

Knorriges Symbol des Friedens und der Erlösung

Olivenbäume erreichen ein hohes Alter und gehörten zu den ersten Baumarten, die kultiviert wurden. Der Legende nach wurde der höchst symbolträchtige Baum erschaffen, als die griechischen Götter Poseidon und Athena um den Besitz Attikas kämpften. Um die anderen Götter mit einer Gabe zu erfreuen und für sich einzunehmen, berührte Poseidon mit seinem Dreizack die Erde und schuf ein Pferd. Athena aber ließ einen Olivenbaum wachsen; und dieser wurde als die wertvollere Gabe angesehen. Seit ewigen Zeiten liefert er neben Öl für den Haushalt auch eßbare Früchte.

In der jüdisch-christlichen Tradition kam dem Olivenbaum ebenfalls eine große Bedeutung zu. Der Olivenzweig, der Noah von einer Taube überbracht wurde, galt als Zeichen der Erlösung. Auch der Garten von Gethsemane, in dem Christus vor seiner Gefangennahme Zuflucht suchte, war ein Olivenhain. Im Mittelalter galt der Baum den Christen als Schutz gegen Hexen. Und der Olivenzweig war zu allen Zeiten ein Symbol von Frieden und Versöhnung.

Die Eiche: Nahrung für das heilige Feuer

Allerorten in ganz Europa war der Glaube verbreitet, daß die majestätische Eiche die mächtigsten Götter verkörperte. In Skandinavien repräsentierte sie Thor; in Griechenland war sie dem Zeus geweiht, der, so die Sage, im Schutz ihrer Zweige das Licht der Welt erblickt hatte. Die Griechen glaubten, daß Zeus den Wald von Dodona geweiht und die dortigen Eichen mit der Gabe der Prophezeiung beschenkt habe. Da Jasons Schiff, die *Argo*, aus Holz von Dodona gebaut war, warnten Schiffsplanken und -masten die Argonauten vor Gefahren.

Die Eiche symbolisierte Fruchtbarkeit und Glück. Von den keltischen Druiden wird berichtet, daß sie ständig Eichenfeuer unterhielten. Zu Neujahrsbeginn zündeten die Dorfbewohner ihre häuslichen Herde mit der Glut aus diesen heiligen Feuern wieder neu an, um dem Haushalt Fruchtbarkeit und Schutz zu sichern. Als der heilige Augustinus den Heidenkönig Engelbrecht zu bekehren versuchte, mußte er seine Argumente unter einer Eiche vorbringen, weil der Herrscher fürchtete, andernfalls verzaubert zu werden.

Heimstatt Wischnus und Symbol der Unsterblichkeit

Die Hindus sind davon überzeugt, daß jeder, der einen nützlichen Baum pflanzt, sich *punya*, ein „Verdienst", erwirbt und nach dem Tode 30 000 Jahre im Himmel des Indra verbringt, bevor er ins Nirwana eingeht. Der Banyan mit seinem bizarren, jedoch höchst eindrucksvollen Gewirr aus Luftwurzeln, die von seinen Zweigen aus in den Boden wachsen, ist ein derartiger Baum. Als Heimstatt der Götter – der Hindu-Gott Wischnu soll im Schatten des Banyan geboren sein – ist der heilige Baum Symbol der Unsterblichkeit, der Liebe und des Schutzes. Bei den indischen Frauen herrscht allgemein die Vorstellung, daß der Banyan auch die Fruchtbarkeit fördere. Daher werden aus seinen verschiedenen Teilen Liebestränke und entsprechende Arzneien hergestellt; und wer unter einem Banyan schlummert, hat angeblich prophetische Träume.

Schattenspender bei Buddhas Erleuchtung

Ebenso wie dem Banyan sagen die Hindus dem Bo-Baum nach, daß er den Göttern Obdach gewähre. Er stellt auch den kosmischen Baum Asvattha dar, der angeblich die Welt beschirmt. Den Buddhisten gilt der Bo-Baum als heiliger Baum, weil unter einem solchen Baum Gautama Buddha erleuchtet wurde. Ihnen ist der Baum ein Symbol der Schöpfung, Weisheit und Vorbereitung auf das Leben nach dem Tode. Den Baum aus irgendeinem Grund zu fällen, gilt als Sakrileg.

Ein Ableger, der angeblich von dem Bo-Baum Buddhas stammt, wurde 288 v. Chr. nach Anuradhapura, Ceylon, verpflanzt. Als im Jahre 1948 der heilige Bo zu kränkeln begann, strömten Buddhisten von überall herbei, um ihm mit Milch, die eimerweise an seinem Stamm hinabgeschüttet wurde, neue Kraft zuzuführen. Wie erwartet gesundete der Baum.

Ein Baum von bizarrem Wuchs mit vielerlei Gaben

Der gedrungene Affenbrotbaum, der aussieht, als ob er verkehrt herum wachse, weil seine bizarren Zweige einem dichten Geflecht von Wurzeln ähneln, ist in weiten Teilen Afrikas und Australiens beheimatet. Der Baum liefert eßbare Früchte, und aus seiner Rinde stellt man Seile her und gewebtes Tuch sowie Heilpulver für eine Reihe von Beschwerden. Es wird auch behauptet, der Affenbrotbaum besitze magische Kräfte: Ein Glas Wasser, in dem ein Stück Rinde eingeweicht wurde, verleihe Stärke. Nach Meinung einiger Afrikaner hat der lichte Baum allerdings eine dunkle Kehrseite: Seine weißen Blüten seien von Geistern bewohnt, heißt es, und jeden, der sie pflücke, werde ein Löwe verschlingen.

Da das Holz des Affenbrotbaums weich ist, wird sein massiver Stamm – der einen Durchmesser von bis zu neun Metern erreichen kann – oft ausgehöhlt, damit sich in der Regenzeit das Wasser darin sammeln kann und so umherziehenden Stämmen während der Trockenzeit das Überleben möglich macht. Ausgehöhlte Stämme dienen auch als Schutzräume.

Alte Wächter unter dem Schutz des Eulengeistes

Mit mehr als hundert Metern Höhe sind die Redwoods, die vor allem in Kalifornien und dem südlichen Oregon wachsen, die höchsten Bäume der Welt. Gemeinsam mit den artverwandten riesigen Sequoien sind sie die letzten Vertreter einer Familie von Bäumen, die sich vermutlich schon vor mehr als 100 Millionen Jahren entwickelt hat.

Den amerikanischen Ureinwohnern waren die Redwoods heilig und galten als vom Eulengeist beschützt. Den Indianern widerstrebte es, die Bäume anzurühren, und sie benutzten daher nur Äste und Rinde, die sich von selbst gelöst hatten, um Hütten, Kanus und Körbe, aber auch Kleidung herzustellen. Zwischen zwei Indianerstämmen stiftete der Redwood sogar Frieden. Nach der Legende wies der Große Geist die beiden verfeindeten Stämme an, sich unter einen bestimmten Redwood zu setzen und ihre Streitigkeiten zu schlichten. Sie folgten der Aufforderung und machten den Baum zu einer Gedenkstätte: Wann immer die Stammesmitglieder fortan den Baum passierten, erwiesen sie ihm Ehrerbietung.

KAPITEL 3

Grünendes, blühendes Leben

Nach dem Bericht einer Chronik aus dem 13. Jahrhundert begab sich der Evangelist Joseph von Arimathia mit elf Begleitern im Jahre 63 n. Chr. auf die Britischen Inseln. Wie andere vom Festland kommende Reisende zur damaligen Zeit traf er in einer Stadt in Südwestengland ein, die heute Glastonbury heißt und damals ein wichtiges Zentrum des Zinnhandels in Cornwall war. Kurz nach seiner Ankunft – so will es eine jahrhundertealte und in Glastonbury unvergessene Überlieferung – erklomm Joseph den nahe gelegenen Wearyall-Hügel und stieß seinen Wanderstab in den Boden. Der Stab schlug auf wunderbare Weise aus und erblühte zu einem Weißdorn – einem Symbol der transformierenden Kraft des Christentums, wie fromme Kommentatoren sagen. Ein ungewöhnlicher Weißdorn, dessen Ursprünge im dunkeln liegen, wird unter dem Namen „Glastonbury-Weißdorn" seit dem 14. Jahrhundert in der Geschichtsschreibung erwähnt. Damals wurde sein Bild in das Siegel der Abtei von Glastonbury aufgenommen. Unabhängig von der Frage, ob Joseph den Baum pflanzte, steht fest, daß es sich nicht um einen gewöhnlichen britischen Weißdorn handelt. Die Botaniker sagen, daß seine heutigen Abkömmlinge, die von Ablegern des Originalbaums stammen, eher den Weißdornen gleichen, die im Nahen Osten zu finden sind. Vielleicht ist der beste Beweis für den ungewöhnlichen Ursprung des Weißdorns, daß er und seine Nachfolger, anders als gewöhnliche Sträucher dieser Art, fast immer zu Weihnachten und dann wieder gegen Ostern geblüht haben. Als ein königlicher Inspektor im Jahre 1535 einen Zweig an den Hof Heinrichs VIII. sandte, wurden diese ungewöhnlichen, am christlichen Kalender orientierten Blütezeiten zum erstenmal schriftlich festgehalten.

Im darauf folgenden Zeitalter des Puritanismus fielen Wunderbäume in Ungnade. Religiöse Fanatiker fällten den ältesten Abkömmling des Weißdorns, ein Exemplar mit zwei Stämmen hoch oben auf dem Wearyall-Hügel. Die lokale Legende will wissen, daß der elisabethanische Reformer, der den ersten Stamm schlug, gezwungen war, sein Werk abzubrechen, weil ihn ein Holzsplitter auf einem Auge blind machte. Auf diese Weise blieb der zweite Stamm noch 50 Jahre stehen, bis ein anderer Puritaner das Werk vollendete, offensichtlich ohne Schaden zu nehmen. Doch damit war der Weißdorn von Glastonbury keineswegs von der Erdoberfläche verschwunden. Als das Exemplar auf dem Wearyall-Hügel vernichtet war, hatten passionierte Gärtner in England und auf dem europäischen Festland längst Ableger zu kräftigen Bäumen herangezogen, von denen weitaus die meisten die puritanische Reform überlebten. Heute gedeihen Weißdorn-Sträucher aus dem Stamm von Glastonbury in der Stadt selbst wie auch in der übrigen Welt und folgen mit ihrer Blüte noch immer treu dem christlichen Jahr.

Ganz gleich ob die Bäume von Glastonbury schlicht ein botanischer Glücksfall oder tatsächlich ein Beweis christlicher Kraft sind, ihre Geschichte ist typisch für die große Rolle, die Pflanzen im menschlichen Leben und Denken über alle Epochen hinweg gespielt haben. Die frühen Jäger und Sammler lebten in einer Art geistiger Zwiesprache mit den Pflanzen, die damals wie heute eine existentiell wichtige Quelle von Nahrung, Medizin und anderen Materialien darstellten. Als dann die Menschen vor etwa 10 000 Jahren entdeckten, daß sich bestimmte Getreidearten systematisch anbauen ließen, vollzog sich in der menschlichen Gesellschaft ein tiefgreifender Wandel. Die umherziehenden Jäger ließen sich als Bauern nieder, und neue Götter – grausam und unbeständig wie das Wetter oder reiche Fülle schenkend wie die Ernte – begannen, die Naturwahrnehmung des Menschen zu beherrschen.

In der Moderne schien die Herausbildung der Wissenschaft zunächst eine Distanzierung des Menschen von der Natur mit sich zu bringen, da sie Kräuter, Blumen und Bäume ihrer lange akzeptierten mystischen Bedeutung entkleidete. Doch deckte die wissenschaftliche Forschung eine noch wesentlich tiefere Abhängigkeit des Menschen von der Vegetation auf. Im 18. Jahrhundert hatten die Wissenschaftler den fundamentalen Vorgang der Photosynthese entdeckt – eine nur den Pflanzen eigene Fähigkeit –, bei der die Pflanzen zu Nahrungszwecken Sonnenlicht und Kohlendioxid synthetisieren und als Nebenprodukt den Sauerstoff abgeben, den der Mensch zum Leben benötigt. Mit dem Aufkommen künstlicher Satelliten im 20. Jahrhundert fanden die Wissenschaftler heraus, daß Pflanzen die Haut des Planeten bilden: eine dünne, grüne Membran mit einer Oberfläche von vielen Millionen Quadratkilometern. Diese Haut bedeckt nicht nur Felder und Wälder, sondern auch einen Großteil der Berge und – in Form von grünen und blaugrünen Algen – die Seen und Teile des Meeres. Selbst die kahlste Wüste hat ein zähes Pflanzenleben in Form von Kakteen und knochentrockenen Gräsern.

Seit Urzeiten befriedigen die Pflanzen ein permanentes und tiefes Bedürfnis des Menschen, das mit bloßem körperlichem Überleben nur wenig zu tun hat. Ob die Beziehung zu ihnen so unbeschwert ist wie bei den Küssen unter dem Mistelzweig, so feierlich wie bei einem Trauerkranz oder so scheinbar wissenschaftlich wie bei den Versuchen, die „emotionalen" Reaktionen von Pflanzen auf Musik oder menschliche Gedanken zu ergründen – die enge Verbindung zwischen der Menschheit und der Pflanzenwelt wird wahrscheinlich niemals abreißen.

Von allen Vertretern der Pflanzenwelt, die schon unsere Vorfahren hoch achteten, wurden am meisten die Bäume verehrt. Sowohl die Überlieferung als auch archäologische Funde deuten darauf hin, daß die Menschen seit den Anfängen ihrer Bewußtwerdung Bäume anbeteten. Auf fast jedem Kontinent bildeten Bäume, Steine und Quellen die heiligen Haine und ersten kultischen Mittelpunkte. Für die Gläubigen stand der Stein für Stärke und Dauerhaftigkeit und das Wasser für ständigen Wandel und Reinigung. Die langlebigen Bäume, die sich je nach Jahreszeit

veränderten, stellten eine schöpferische Verbindung zwischen Unbeständigkeit und Dauer dar. Sie verkörperten Wachstum, Regeneration und den Kreislauf des Lebens selbst.

Tatsächlich hatte in vielen der allerfrühesten Kulturen, die man kennt, das Leben bestimmter Bäume den gleichen hohen Wert wie das Leben der Menschen. „Es heißt, daß die primitiven Menschen ein unglückliches Leben führten, denn ihr Aberglaube machte nicht bei den Tieren halt, sondern schloß sogar die Pflanzen ein", schrieb im 3. Jahrhundert n. Chr. der griechische Philosoph Porphyrios. „Denn warum sollte es ein größeres Unrecht sein, einen Ochsen oder ein Schaf zu schlachten als eine Tanne oder eine Eiche zu fällen, wenn man der Auffassung war, daß diese Bäume auch eine Seele haben?"

In der Tat war es bei allen Völkern auf der Welt eine ernste Angelegenheit, einen Baum zu fällen. In den alten germanischen Wäldern kam es einem Mord gleich, die Rinde eines heiligen Baumes abzuschälen, und dementsprechend drakonisch fiel die Strafe aus: Dem Täter wurde der Nabel herausgeschnitten, der dann an den Baum genagelt wurde. Dann wurde der Frevler gezwungen, so lange im Kreis um den Baum herumzugehen, bis seine Eingeweide als lebendiger Ersatz für die Rinde den Stamm umhüllten.

Viele nordamerikanische Indianerstämme hatten ähnliche Überzeugungen. Die Hidatsa beispielsweise hielten die riesigen Pyramidenpappeln am oberen Missouri für heilig und sammelten Holz nur von denen, die von allein umgefallen waren. Im 20. Jahrhundert begann die jüngere Generation Pyramidenpappeln zu fällen – ein Bruch mit der Tradition, dem die Älteren alles nachfolgende Unglück des Stammes zuschrieben. Noch bis in die 20er Jahre hinein konsultierten die Basoga in Zentralafrika örtliche Medizinmänner, bevor sie einen Baum fällten – aus Angst, der Baumgeist könne sich rächen. Wenn der Medizinmann seinen Segen gegeben hatte, brachte ein Stammesmitglied dem Baumgeist einen Vogel und einen Ziegenbock als Opfer dar, um nach dem ersten

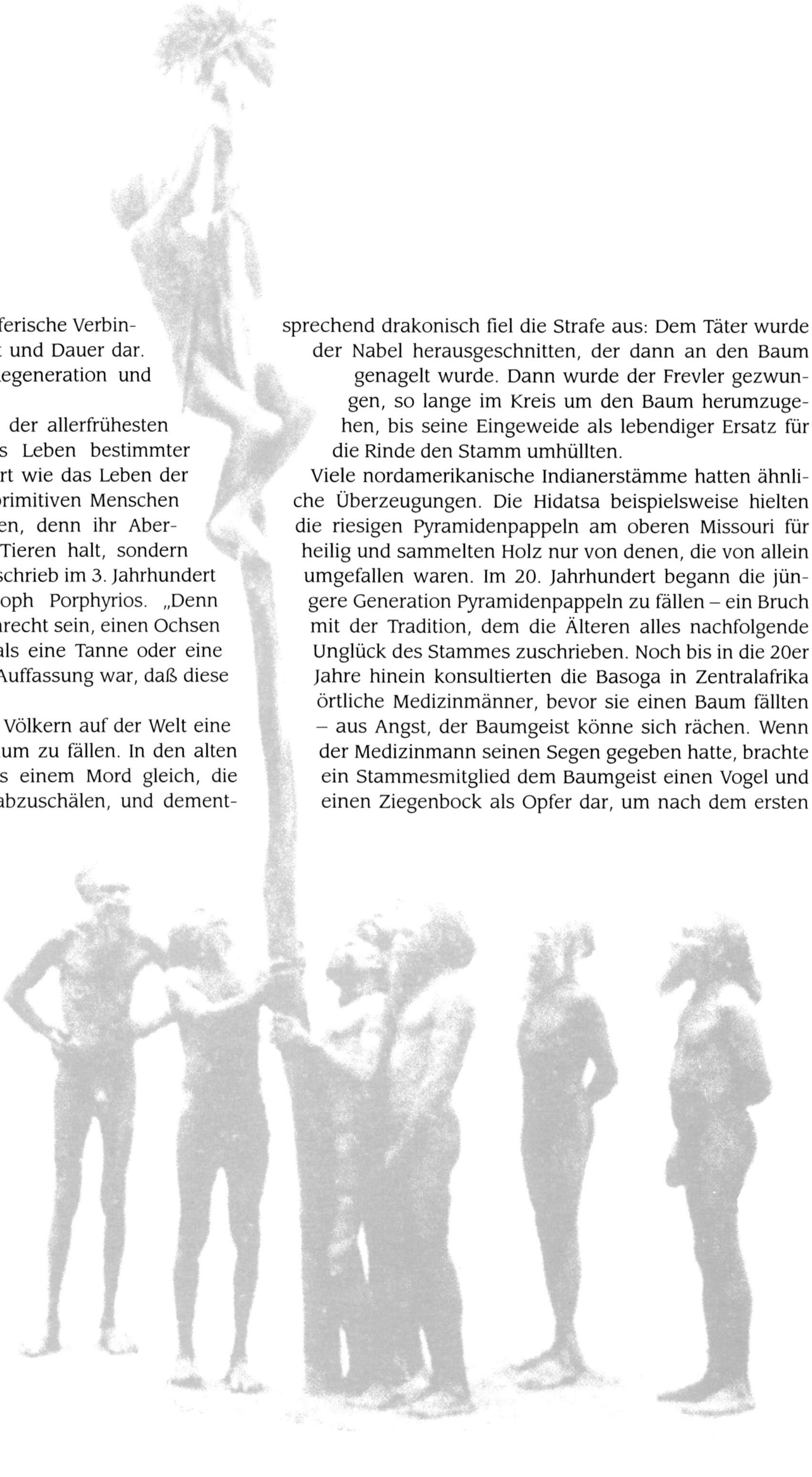

An einem einsamen Rastplatz errichten Männer des australischen Nomadenstammes der Arunta einen heiligen Pfahl, der „Kauaua" heißt. Die Arunta glauben, daß der Kauaua als eine Art transportabler Baum diene, der diese Welt mit dem Reich der Götter verbinde. In ihren Legenden heißt es, daß der Gott Numbakulla, nachdem er die Erde geschaffen hatte, am Baumstamm hochkletterte und verschwand. Der Kauaua ist den Arunta so wichtig, daß sich eine ganze Sippe zum Sterben niedergelegt haben soll, als der Pfahl durch Zufall zerbrach. Sie fürchtete, für immer ihre Verbindung zum Himmel verloren zu haben.

Axthieb Saft aus der Schnittstelle zu saugen und Blutsbrüderschaft mit dem Geist des Baumes einzugehen.

Mit Entstehen der ersten menschlichen Siedlungen jedoch wurde das Fällen von Bäumen unvermeidbar. Hütten mußten gebaut und auch beheizt und Felder gerodet werden. Notgedrungen fing man daher in vielen solcher Kulturen an, eine neue Auffassung von Baumgeistern zu entwickeln, der zufolge sie als mobil und vor allem als weniger nachtragend galten. Bäume wurden nunmehr als Aufenthaltsorte der Geister, nicht als ihre Verkörperung angesehen. Ein Baum durfte gefällt werden, wenn man den in ihm wohnenden Geist angemessen besänftigte.

Im englischen Somerset testet Hamish Miller die Reaktion seiner Wünschelrute nahe einem der berühmten Weißdorne von Glastonbury. Miller glaubt, daß der Baum auf einem starken Erdenergiestrom stehe.

Sir James Frazer, ein hervorragender Kenner volkstümlicher Bräuche in aller Welt, dokumentierte zu Anfang des 20. Jahrhunderts einen solchen Brauch auf den Inseln des Malaiischen Archipels. „Wenn die Toboongkoos auf Celebes ein Stück Wald roden wollen, um Reis zu pflanzen", so schrieb er, „bauen sie ein winziges Haus und legen winzige Kleidungsstücke, etwas Nahrung und Gold hinein. Dann rufen sie alle Geister des Waldes zusammen, bringen ihnen das Häuschen nebst Inhalt dar und bitten sie, den Platz zu verlassen. Danach können sie das Holz schlagen, ohne fürchten zu müssen, selbst dabei Schaden zu nehmen."

Doch auch als nach und nach ganze Wälder abgeholzt wurden, behielten bestimmte Bäume im regionalen Volksglauben vielfach ihre furchterregende Macht. Litauische Dorfbewohner steckten bis zu ihrer Bekehrung zum Christentum gegen Ende des 14. Jahrhunderts besondere Haine ab, in denen jeder Ast und jeder Zweig heilig waren. Wer einen Baum in einem solchen Hain verletzte, mußte befürchten, von den Schutzgeistern des Ortes mit Tod oder Unfall bestraft zu werden. Einzelne Bäume konnten auch mit dem Schicksal bestimmter Menschen oder Städte verknüpft sein. Nach Berichten des griechischen Historikers Plutarch (um 50 – um 125) ließen die alten Römer dem Feigenbaum des Romulus auf dem Forum und einer dem Hornstrauch ähnelnden Kornelkirsche auf dem nahe gelegenen Palatin besondere Pflege und Verehrung zuteil werden. Wenn einer der beiden Bäume krank oder schlecht ernährt schien, trugen die Menschen der Umgebung in Eimern Wasser heran, als wenn es, so Plutarch, ein Feuer zu löschen gelte. Vielleicht fürchtete das Volk, daß der Tod dieser Bäume auch das Ende der Stadt bedeuten würde.

In vielen Kulturen fand der einzelne sein Schicksal manchmal unwiderruflich an das Schicksal eines bestimmten Baums gekoppelt. Im alten Rom wie auch in Palästina pflanzte die Familie bei der Geburt eines Kindes einen Baum. Solange der Baum wuchs und gedieh, gedieh auch das Kind. Die Osteuropäer pflanzten zwei Bäume vor die Tür eines frischvermählten Paares in der Hoffnung, daß die Eheleute ebenso friedlich zusammenleben würden wie die beiden Bäume. Selbst Heilungsrituale konnten die Bindung an einen Baum beinhalten. Eine weitverbreitete Methode, Rachitis bei Kindern zu heilen, bestand darin, eine junge Esche der Länge nach zu spalten und auseinanderzubiegen, um anschließend das kranke Kind mehrmals durch den Spalt zu schieben. Dann wurden Kind und Baum Verbände angelegt und beide liebevoll gepflegt. Wenn sich die Esche erholte, dann, so glaubte man, würde auch das Kind gesund werden. Ging der Baum ein, dann starb auch das Kind.

Eine Frau und ein Kind umarmen einen Baum, um so ihre geistige Verbundenheit mit anderen Daseinsformen des Lebens zu zeigen und zugleich den Baum vor der Axt des Holzfällers zu schützen. Die beiden gehören einer wachsenden gewaltfreien Bewegung in Indien an, die der Abholzung Einhalt gebieten will. Die Taktik, menschliche Körper als Schutzschilde zwischen Baum und Axt zu stellen, wurde von der Gruppe „Chipko" populär gemacht, deren Name dem hinduistischen Wort für „umarmen" entlehnt ist.

Im 16. Jahrhundert tauchte eine andere Variante des „persönlichen Baums" auf. Damals begannen Adelige zur Erinnerung an ihre Vorfahren Eichen, Ulmen und andere stattliche Bäume auf ihren Besitzungen anzupflanzen. Solche Bäume, die weitgehend mit dem Leben und Ansehen ihres Besitzers identifiziert wurden, konnten jederzeit auf staatliche Anordnung gefällt werden, wenn ihr Herr sich als Verräter erwies.

Die spirituelle Kraft eines Baumes beruhte größtenteils auf seiner Gattungszugehörigkeit. In Europa war der meistverehrte Baum die erhabene Eiche. Aus Gründen, für die es noch keine wissenschaftliche Erklärung gibt, werden Eichen häufiger vom Blitz getroffen als andere Bäume. Daher brachte man sie oft mit den Sturmgöttern in Verbindung: dem blitzschleudernden griechischen Zeus, dem norwegischen Donnergott Thor und dem germanischen Donar. Die Bewohner der alten russischen Stadt Nowgorod und ihre litauischen Nachbarn im Südwesten unterhielten ständig Eichenfeuer zu Ehren ihrer Himmelsgötter Perun und Perkunas. Die keltischen Priester, die Druiden, brachten Menschen- und Tieropfer in Eichenwäldern dar, um Regen und Fruchtbarkeit für das Land zu erbitten.

Um den Apfelbaum war es eher zwiespältig bestellt. In der keltischen Überlieferung wurde er mit dem Paradies in Verbindung gebracht (*Avalon*, der Name eines mystischen britischen Landes, bedeutet „Apfelinsel"); traditionell haftete ihm aber auch der Charakter jenes biblischen Baums an, der Eva unrettbar in Versuchung geführt hatte. Ihrem ambivalenten Ruf gemäß wurden Äpfel als Arznei für mannigfache Beschwerden wie auch als Zutat in bösen Zaubertränken verwendet – was noch in dem Motiv des vergifteten Apfels in dem Märchen von Schneewittchen anklingt.

Im Gegensatz zum Apfelbaum, in dem man Gutes und Böses sah, hielt man den Holunder im allgemeinen ausschließlich für böse, vielleicht wegen seiner knorrigen, menschenähnlichen Gestalt. Der Volksmund behauptete, daß sich Hexen oft in solche Bäume verwandelten oder in ihnen wohnten. Erfahrene Handwerker benutzten daher niemals das Holz des Holunderbaums, um eine Wiege zu bauen, aus Angst, eine böse Hexe könne die Wiege furchtbar schütteln oder dem Kind in der Wiege auf andere Weise Schaden zufügen. Es hieß auch, daß ein Schlag mit dem Holunderstock bei Kindern das Wachstum hemme. Der böse

Charakter dieses Baums spiegelte sich sogar in der christlichen Legende. Danach soll sich Judas Ischariot nach seinem Verrat an Jesus an einem Holunderbaum erhängt haben.

Über und hinter den gewöhnlichen irdischen Bäumen stand eine völlig andere Art von Baum: ein großes religiöses Symbol, das Kulturhistoriker den kosmischen oder Weltenbaum nennen. Dieses alles überragende, übernatürliche Konstrukt, das sich in vielen Traditionen findet, diente als vertikale Achse, um Himmel, Erde und Unterwelt miteinander zu verbinden. In den altnordischen Sagas wurzelte die mächtige immergrüne Esche Yggdrasill („Reittier des Schrecklichen", das heißt, des Gottes Odin) in der Erde, während sie mit ihren Ästen den Himmel trug. Yggdrasill besaß drei Hauptwurzeln, eine, die nach Niflheim („Nebelwelt"), in die Welt der Toten, hinabreichte, eine andere, die ins Land von Schnee und Eis, die Wohnstätte der Riesen, führte, und eine dritte, die nach Midgard verlief, dem Zuhause der Menschheit. In der Baumkrone hauste ein Adler, der Leben und Wissen verkörperte; unter dem Baum nagten der riesige Drache Nidhögg und seine Brut ständig an den Wurzeln. Ein zwietrachtstiftendes Eichhörnchen, Ratatoskr („Nagezahn"), kletterte den Stamm hinauf und herunter und trug dabei Spötteleien, Drohungen und Nachrichten vom einen zum anderen. Wie den altnordischen Göttern selbst war es auch Yggdrasill bestimmt, am Tag von Ragnarök („Götterschicksal"), dem Endkampf zwischen Gut und Böse, zu sterben. An diesem Tag, so prophezeiten die Epen, würde der Drache unter dem Baum schließ-

Unter Anleitung eines rituellen Meisters lehnt ein madagassischer Jugendlicher den Kopf an einen heiligen Baum und bittet um Vergebung für sämtliche Beleidigungen, die er den Geistern seiner Ahnen zugefügt haben mag. Auf Madagaskar glaubt man, daß die Geister der Toten in Bäumen wohnen, welche die Fortdauer des Lebens symbolisieren und hochgeachtet werden.

In Indien verwandelt man durch kleine Kunstgriffe heilige Bäume in lebendige Schreine. Unten dient eine in das Astloch geklemmte Votivmaske der Verehrung der von Bäumen verkörperten kosmischen Lebenskraft. Der Baum gegenüber zeigt mit Hilfe von Stoff und Farbe das Bild der ihm innewohnenden Gottheit.

lich die Wurzel der mächtigen Esche durchgenagt haben. Dann würde Yggdrasill schwanken und fallen und den übrigen Kosmos mit sich ins ewige Chaos reißen.

Der kosmische Baum der hinduistischen *Upanischaden* dagegen war ein umgedrehter Bo-Baum, der *Asvattha*, dessen Wurzeln in den Himmel ragten, während seine Zweige die Erde bedeckten. Wie Yggdrasill hatte der Asvattha drei Hauptwurzeln, aber während sie bei dem nordischen Baum die drei kosmischen Welten verkörperten, repräsentierten sie in der Hindu-Religion drei große Götter: Brahma, den Schöpfer, Wischnu, den Bewahrer, sowie Schiwa, den Zerstörer. Für den frommen Hindu war allerdings selbst der kosmische Baum ein Hindernis auf dem Weg zur Erleuchtung. Der heiligen *Bhagavadgita* zufolge muß sich ein religiöser Sucher vom Asvattha völlig abkehren, ihn an seinen Wurzeln fällen und „den Ort suchen, von dem es keine Wiederkehr gibt", um das irdische Verständnis zu überwinden und ganz eins mit dem Universum zu werden.

Es gibt noch weitere mythische Bäume, die eng mit dem großen Drama der Schöpfung verflochten waren. In jüdisch-christlichen Überlieferungen heißt es, daß im Innern des Baumes der Erkenntnis, der im Garten Eden stand, ein Baum des Lebens wuchs. Der Erzählung im Buch Genesis zufolge probierten Adam und Eva nur die verbotene Frucht vom Baum der Erkenntnis – die Frucht, die den physischen Tod und die Entfremdung von Gott zur Folge hatte. Hätte das unglückselige Paar auch die Frucht vom Baum des Lebens gekostet, wäre es unsterblich geworden und hätte – wie eine verbreitete jüdische Überlieferung hinzufügt – das vollkommene Verständnis der Einheit von Leben, Tod und Erlösung erlangt. Statt dessen wurde es samt seinen Nachkommen aus dem Paradies vertrieben.

Die Bäume von Eden spielen in vielen Legenden eine Rolle. Eine mittelalterliche Sage erzählt, daß, als Adam im Sterben lag, sein Sohn Seth nach Eden ging, um für seinen Vater Barmherzigkeit zu erflehen. Seth wurde an den Pforten des Paradieses von einem Erzengel empfangen, der ihm vom Baum der Erkenntnis drei Samenkörner gab mit der Anweisung, sie Adam auf die Zunge zu legen. Als er die Samen schmeckte, lachte Adam, erstmals seit er in Ungnade gefallen war, weil er erkannte, daß die Menschheit eines Tages mit Hilfe der aus diesen Samen hervorgehenden Bäume erlöst werden würde.

Der gleichen Überlieferung zufolge wurden junge Bäume aus dem Samen später nach Jerusalem verpflanzt, wo sich ihre drei Stämme ineinander zu einem einzigen Baum verschlangen. Jahrhunderte später lieferte dieser Baum das Holz für das Kreuz, an dem Jesus starb. In Erfüllung der Prophezeiung des Erzengels fiel Christi Blut auf die Erde und erlöste Adam und seine Nachkommen. Für viele Gläubige ist das heilige Kreuz selbst eine Variante des Weltenbaums, eine symbolische Brücke zwischen Erde und Himmel, zwischen der Menschheit und dem Göttlichen.

Obwohl der Weltenbaum in der persischen Tradition (rechts) ebenso Himmel und Erde miteinander verbindet wie die aus dem 18. Jahrhundert stammende Interpretation des englischen Mystikers William Law (unten), sind die Schwerpunkte doch jeweils verschieden. Laws Seelenbaum, der in der dunklen Welt der Sterblichen wurzelt, aber zum Lichte Gottes strebt, zeichnet die spirituelle Entwicklung des Menschen nach. Die persische Haoma-Pflanze hingegen verherrlicht das Göttliche, indem sie den Göttern die Frucht der Unsterblichkeit schenkt.

Wenn die Bäume die ehrfurchtgebietendsten Vertreter des Pflanzenreichs waren, dann nahmen den nächsten Platz in der Verehrung oft der Wein und die Pflanzen ein, die sich an ihren Zweigen hochranken. Der bekannteste dieser Baumschmarotzer in Europa ist die Mistel, eine tiefgrüne Pflanze mit schimmernden, weißen Beeren. Berühmt wegen ihrer ungewöhnlichen Fähigkeit, auf Bäumen zu wachsen, ohne die Erde zu berühren, wurde die Mistel besonders von den keltischen Druiden verehrt, weil sie sich bevorzugt in der den Kelten heiligen Eiche einnistete.

Der römische Naturforscher Plinius (um 23–79) berichtet, daß die Mistelernte mit einem feierlichen Ritual verbunden war: Ein weißgewandeter Priester erklomm mit einer goldenen Sichel den Baum, um den Schmarotzer vom Ast zu trennen, und ein zweiter Druide fing die heilige Pflanze in einem Tuch auf, bevor sie durch den Kontakt mit der Erde entweiht wurde. Wenn alles gutging, opferten die Priester zum Dank zwei weiße Bullen. Die sorgsam geerntete Pflanze benutzte man dann als Heilmittel bei einer großen Anzahl von Krankheiten sowie in Fruchtbarkeitstränken für die Frauen und das Vieh. Die Assoziation von Misteln und Fruchtbarkeit lebt heute noch in dem Weihnachtsbrauch fort, sich unter einem Mistelzweig zu küssen.

Bis ins 20. Jahrhundert hinein sammelten Bauern die Mistel als Schutz gegen Hausbrand, Blitzschlag und Unglück im allgemeinen – häufig, indem sie sie mit Steinen von den Ästen holten. Vielfach glaubte man, daß die allem Anschein nach vom Himmel gesandte Pflanze mächtig genug sei, um die Verwünschungen von Hexen und Zauberern abzuwehren, und generell als Gegenmittel gegen alle Formen des Bösen diene.

Da die Mistel relativ selten von selbst aus ihren luftigen Höhen fiel, wurde sie als Heilmittel gegen die „Fallsucht" (Epilepsie) verschrieben. Die mittelalterliche Signaturenlehre bediente sich auch bei vielen anderen Heilpflanzen einer entsprechenden Logik, die in Europa jahrhundertelang akzeptiert wurde. Nach dieser Lehre ließ sich die Heilkraft einer Pflanze aus ihren physischen Eigenschaften, ihrer Signatur, ableiten. Espen und Pappeln beispielsweise zittern beim leisesten Lufthauch. Deswegen hielt man sie für geeignete Heilmittel bei Schüttelfrost. Weil die Weide in Feuchtgebieten wächst, wurde sie bei Rheumatismus und anderen Beschwerden verschrieben, für deren Ursache man Feuchtigkeit hielt. Pflanzen, die männlichen oder weiblichen Genitalien ähneln, sollten die Fruchtbarkeit und das sexuelle Verlangen steigern.

Als mächtigste aller botanischen Formen galt die des Menschen. In Europa war die Mandragora, eine Pflanze mit gespaltener Wurzel, die Beinen ähnelt, jahrhundertelang als Zutat von Liebestränken begehrt. Dicht am Körper getragen, sollte die Wurzel – die Alraune – angeblich auch Sterilität bei Männern kurieren und die Fruchtbarkeit bei Frauen fördern. Im Buch Genesis rechnet Rahel, Jakobs Weib, damit, daß die Alraune ihrer Unfruchtbarkeit ein Ende machen werde. Kurze Zeit später gebiert sie Jakob einen Sohn. Die alten Griechen, Römer und Araber hatten noch eine andere Verwendung für die Alraune: Sie diente ihnen als Schlaf- und Betäubungsmittel.

TREATY
OAK

Trotz der verschiedenen wohltuenden Wirkungen, die der Volksmund der Alraune zuschrieb, führte man ihre quasi-menschliche Gestalt auf dunklere Traditionen zurück. In europäischen Sagen hieß es, daß die Alraune unter den Galgen wachse, an denen Mörder aufgehängt worden seien. Die Wurzel wurde daher auch mit dem Teufel und der Unterwelt in Zusammenhang gebracht. Hexen benutzten sie angeblich ebenfalls. In Teilen des mittelalterlichen Europa galt es als unklug, wenn eine Frau aus irgendeinem Grund eine Alraune bei sich zu Hause hatte. Der Besitz der Wurzel konnte ausreichen, um gehängt oder verbrannt zu werden.

Eine weitverbreitete Vorstellung war, daß die Alraune einen entsetzlichen Schrei von sich gebe, wenn sie aus der Erde gezogen werde. Angeblich konnte es sich als verhängnisvoll erweisen oder zum Wahnsinn führen, diesen Schrei zu hören. Die Gefahr wurde so ernst genommen, daß Alraunensammler oft Hunde darauf abrichteten, die Alraune auszugraben, während sie selbst in sicherem Abstand warteten.

Heute glaubt niemand mehr so recht an die angeblichen Heilkräfte der Mandragora, weil sie sich wissenschaftlich nicht nachweisen lassen. Medizinisch wirksamer ist eine andere Pflanze mit menschenähnlichem Aussehen – der Ginseng, ein Name, der sich aus den chinesischen Wörtern für „Mensch" und „Pflanze" zusammensetzt. Nach einer chinesischen Überlieferung entsteht der Ginseng, wenn ein Blitz einen Bergbach trifft. Die Energien des Blitzes und des fließenden Wassers verbinden sich zu einer Wurzel und gehen in denjenigen über, der sie ißt. Solange eine Ginseng-Wurzel unter der Erde bleibt, so eine andere Legende, wird sie jedes Jahr größer und der menschlichen Gestalt immer ähnlicher. Wenn man sie 300 Jahre ungestört wachsen läßt, steigt die Wurzel als Geschöpf aus der Erde, das wie ein normaler Mensch aussieht, aber reinweißes Blut hat, mit dem man die Toten wiedererwecken kann. Gelingt es einem solchen Wesen, menschlichen Jägern, die es auf sein Blut abgesehen haben, zu entgehen, dann wird es schließlich die Erde verlassen und für immer in fernen Galaxien wandeln.

Das tiefe Vertrauen, das die traditionelle chinesische Medizin in die Wirksamkeit der Wurzel gesetzt hat, zeigt sich darin, daß sie jahrhundertelang, bis heute, als universelles Heilmittel und wirksames Aphrodisiakum verschrieben wurde. Einem Ansatz folgend, der an die europäische

Die traurige Legende von der Vertragseiche

Zu einer anderen Zeit und andernorts wäre Paul Stedman Cullen vermutlich für seine unheilige Tat hingerichtet worden. In der Tat halb im Ernst murmelten einige Texaner, man solle den Landstreicher an einem Ast der Vertragseiche aufhängen, jenem mehr als 600 Jahre alten Baum in einem Stadtpark von Austin, den der Frevler absichtlich mit Unkrautvernichtungsmittel vergiftete. Als diese seltsame Tragödie im Mai 1989 bekannt wurde, trauerten die Menschen um den altehrwürdigen Baum. Unter seinen Zweigen, so geht die Legende, habe der Gründer von Texas, Stephen F. Austin, einen Vertrag mit den Indianern unterzeichnet.

Als die Wirkungen der Vergiftung deutlicher hervortraten, kam den Leuten wie ein Schock zu Bewußtsein, daß ein Band zwischen dem Menschen und der übrigen Natur bestehe. Karten mit Genesungswünschen gingen selbst noch aus Japan und Australien ein; Krankenbesucher legten Gedichte und Blumen nieder und brachten sogar Hühnersuppe, eine Art Allheilmittel. Einige waren so tief gerührt, daß sie bei der sterbenden Eiche niederknieten und beteten. Trotz aller Bemühungen wurde deutlich, daß nur noch ein Wunder die Vertragseiche retten konnte.

Über Cullens Beweggrund, sich an dem Baum zu vergehen, herrschen nur Vermutungen. Die Polizei erwähnt in diesem Zusammenhang eine gescheiterte Liebesbeziehung wie auch die Möglichkeit, daß der Täter irgendeine Art von okkultem Ritual ausführte. Was auch immer sein Motiv gewesen sein mag, Paul Cullen wurde aufgrund seines Verbrechens an der Natur im Mai 1990 zu einer neunjährigen Gefängnisstrafe verurteilt.

Signaturenlehre erinnert, behandeln die Ärzte Beschwerden der verschiedenen Körperteile mit dem jeweils entsprechenden Teil der Ginseng-Wurzel. Der „Kopf" des Ginseng wird für Kopfschmerzen oder Kopfverletzungen benutzt, die „Füße" für Fußbeschwerden und so fort.

Zu dem Halluzinationen hervorrufenden Peyote-Kaktus unternehmen die mexikanischen Huichol-Indianer jedes Jahr eine Wallfahrt. Sie sammeln die Knospen, um die legendäre Suche der Götter nach Peyote nachzuahmen.

In früheren Zeiten galt das Sammeln von Ginseng als ebenso gefährlich wie das Sammeln der Alraune, zum einen wegen des unkontrollierten Banditentums und der damit verbundenen Gefahren für Leib und Leben, zum anderen, weil man glaubte, daß die Wurzel unter dem argwöhnischen Schutz von Panthern und Tigern stehe. Einige Ginseng-Sammler warnten gar vor einem kleinen Dämon, der sich angeblich als Ginseng-Wurzel tarne und langsam in den Wald zurückweiche, um die Unvorsichtigen in Gefahren zu locken. Aus Gründen des als notwendig erachteten Selbstschutzes taten sich die chinesischen Gingseng-Sammler in früheren Zeiten zusammen und bildeten eine Gesellschaft, die für Sicherheit beim Sammeln der Wurzel sorgen sollte. Jedes Mitglied wurde darauf eingeschworen, sich an strenge moralische Grundsätze zu halten, da man glaubte, daß der Ginseng sich nur Menschen reinen Herzens offenbare.

Obwohl die kaiserliche Familie eigene Ginseng-Kulturen besaß, zahlte sie den Ginseng-Sammlern hohe Belohnungen für wilde Wurzeln, da man diese für wirksamer hielt. Wenn die Sammler auf Ginseng-Suche gingen, achteten sie sorgfältig darauf, auch das kleinste Würzelchen mitzunehmen. Sie veränderten eher den Lauf eines Baches, um eine Ginseng-Wurzel aus dem Erdboden herauswaschen zu können, als daß sie es zugelassen hätten, daß die Härchen der Wurzel trocken wurden und beim Anfassen abbrachen.

Durch das übermäßige Sammeln des wilden asiatischen Ginseng war zu Anfang des 18. Jahrhunderts sein Vorkommen sehr stark reduziert. (Die asiatische Pflanze ist seitdem fast ausgestorben, außer in den fernen Sichote-Alin-Bergen an der sowjetischen Küste des Japanischen Meeres.) Um den Mangel auszugleichen, versorgten sich die Chinesen mit einer im Überfluß vorhandenen, wenn auch weniger wirksamen Ginseng-Sorte, die in den nordamerikanischen Laubwäldern wächst. Diese Wurzel, die die Cherokee-Indianer *Little Man* nennen, hatte verschiedenen Indianerstämmen von jeher als Medizin gedient. Während der Ginseng bei den Cherokees als Kopfschmerzmittel Verwendung fand, benutzten ihn die Irokesen, die Creek und die Chippewa auch als lebensrettende Medizin. Die Pawnee-Indianer mischten ihn unter ihre Liebestränke.

Der amerikanische Ginseng gelangte bald in großen Mengen in den Fernen Osten. Im Anschluß an eine Reise nach Ohio im Jahre 1784 notierte George Washington in seinem Tagebuch: „. . . als ich die Berge durchquerte, begegnete mir eine Anzahl von Menschen und Packpferden, die mit Ginseng fortzogen". Im Jahre 1788 hielt Daniel Boone (1734–1820) – legendärer nordamerikanischer Jäger und Grenzer, Vorbild des von J. F. Cooper erfundenen Helden *Lederstrumpf* – in Kentucky erfolgreich nach Ginseng Ausschau und sandte seinen Schatz den Ohio hinauf, um ihn in Philadelphia zu verkaufen. Auch der bekannte Kaufmann John Jacob Astor witterte in diesem Geschäft gute Gewinnchancen und exportierte zu Anfang des 19. Jahrhunderts Ginseng.

Während amerikanische Unternehmen heute noch wilden und gezüchteten Ginseng nach dem Osten verschiffen, ist auch im Westen das Interesse an der Wurzel gestiegen. Forscher am Chelsea College in London haben die Wurzel im Hinblick auf ihre Heilwirkung bei Arthritis untersucht; in der Sowjetunion gilt Ginseng als Mittel zur Stärkung des Durchhaltevermögens. Die sowjetischen Wissenschaftler verordnen Kosmonauten, Bergsteigern, Tiefseetauchern und Soldaten Ginseng-Extrakt sowie eine verwandte Pflanze mit

Die hier abgebildete, sorgsam geschnitzte Wurzel, die mit Leinenkleidern und haarähnlichen Hirsekeimlingen versehen ist, sieht einem Menschen erstaunlich ähnlich. Gauner gaben derartige „Imitationen" als Alraune aus und täuschten damit Käufer, die an die magischen Kräfte jener Pflanze von menschenähnlicher Gestalt glaubten.

dem Namen *eleutherococcus* als Mittel gegen Antriebsschwäche, Streß und Müdigkeit.

Während der Ginseng den Pflanzen zugeordnet wird, die körperliche Beschwerden heilen, gibt es eine kleinere Anzahl anderer Pflanzen – von Kaffee bis hin zum opiumhaltigen Mohn –, von denen man seit jeher weiß, daß sie das Gemüt beeinflussen. Vielleicht ist die unheimlichste von ihnen allen ein Pilz mit Namen Mutterkorn, eine unauffällige Getreideseuche, die eine desorientierende, oft auch tödliche Wirkung hat. Das Mutterkorn findet sich bei Feuchtigkeit oder schlechten Erntebedingungen im Roggen und kann in kleinen Mengen zur Betäubung dienen. Die Frauen im Mittelalter benutzten es, um Geburtswehen zu lindern. Wenn jedoch von Mutterkorn verseuchtes Getreide zu Brot verbacken wird, verwandelt sich einer seiner Bestandteile, das Ergotamin, zu Lyserg-Diäthylamid oder LSD. Wer dieses Brot ißt, gerät in eine Welt der Halluzinationen, die um so schlimmer sind, als sie ohne Vorwarnung auftreten. Während die Blutgefäße und das Nervensystem von dem Gift in dem Brot unmittelbar angegriffen werden, begleiten lebhafte Visionen von Dämonen und Ungeheuern das Leiden des Opfers. Die Überlebenden können noch viele Monate danach Rückfälle erleiden, die ebenso schrecklich und leidvoll sind wie das ursprüngliche Erlebnis.

Einer Hypothese zufolge, die erstmals 1976 aufgestellt wurde, war eine Mutterkornvergiftung indirekt vielleicht auch für den Tod mehrerer junger Frauen in Salem, Massachusetts, im Jahre 1692 verantwortlich. Das seltsame Verhalten und andere Krankheitssymptome der Salemer Mädchen führten zu hysterischer Hexenverfolgung und der Hinrichtung von 22 unschuldigen Einwohnerinnen.

Auf der anderen Seite des Kontinents benutzte man Halluzinationen hervorrufende Pflanzen seit langem als Mittel, um mystische oder religiöse Erfahrungen zu machen. Zu den am häufigsten verwendeten Rauschmitteln zählen Peyote-„Knöpfe", die man an dem stachellosen Meskalin-Kaktus findet. In einer feierlichen Zeremonie essen die Teilnehmer die „Knöpfe" und haben farbige Visionen, die von Glücks- und Friedensgefühlen begleitet sind. Eine Legende der Brulé-Sioux aus den 20er Jahren dieses Jahrhunderts erzählt, daß Großvater Peyote sich als erstes den Komantschen offenbarte, und zwar durch eine alte Frau und deren Enkelin, die sich in der Wüste verirrt hatten, als sie Medizin gegen eine Epidemie suchten. Die beiden Frauen fühlten sich auf geheimnisvolle Weise zu einem verborgenen Peyote-Kaktus hingezogen, tranken seinen Saft und lebten augenblicklich wieder auf. Der Peyote führte sie dann zu ihrem Stamm zurück, wo weitere Gaben der Pflanze die Kranken und Sterbenden heilten. Die heilige Pflanze gab ihnen auch eine Art göttliche Weisheit, die sie anderen Stämmen weitervermitteln konnten.

Bei den Ritualen der Azteken spielten Pflanzenhalluzinogene ebenfalls eine Rolle. Eines dieser Rauschmittel war ein aus den Samen der Winde gewonnener Saft, der eine dem LSD ähnliche Lysergsäure enthält. Wenn die Priester diese heilige Flüssigkeit tranken, dann, so glaubten sie, konnten sie in Kontakt treten mit gefährlichen Göttern. Eine andere heilige aztekische Pflanze, ein psilocybinhaltiger Pilz mit dem Namen *teonanactl* oder „Fleisch Gottes", half den Priestern angeblich, mit dem Göttlichen eins zu werden.

Halluzinogene Pflanzen tauchen auch in einer religiösen Schrift, dem über 3000 Jahre alten indischen *Rigweda*, auf. Dieser Verssammlung zufolge verehrten und konsumierten die frühen Indogermanen einen berauschenden Pflanzensaft, den sie *soma* nannten. Das geschah im Rahmen von Riten, die sich, wie Historiker annehmen, später zum heutigen Hinduismus entwickelten. Woraus genau der Soma bestand, ist nach wie vor ein pharmakologisches Rätsel. Der an der Harvard University tätige Wissenschaftler R. G. Wasson, ein ehemaliger Reporter und Bankfachmann,

Auf diesem Gemälde aus dem 19. Jahrhundert hüpft ein Mann in einer Laubpyramide am 1. Mai fröhlich umher. Er stellt den munteren Jack-in-the-Green dar, der in der britischen Folklore den grünen Frühlingsgeist symbolisiert.

der ausführliche Studien über die rituelle Verwendung von Pilzen in Frühkulturen betrieben hat, vertritt die Ansicht, daß der Soma vielleicht aus dem Fliegenpilz hergestellt wurde, den auch sibirische Stämme bei ihren bewußtseinserweiternden Ritualen verwendet haben.

Wenn auch die Herkunft des Soma ungeklärt bleibt, so hatte er offensichtlich eine außerordentliche Wirkung auf die menschliche Wahrnehmung. Im *Rigweda* etwa wird berichtet, daß der mysteriöse Pflanzensaft einen Zustand nahezu göttlicher Ekstase hervorrief. „Wir haben Soma getrunken und sind unsterblich geworden; wir haben das Licht erreicht, das die Götter entdeckten", verkündet eine Hymne der alten Schrift. „Allseitig, Soma, bist du unser Lebensspender: Ziel aller Augen, Lichtfinder, geh in uns ein."

Ein Einwohner im schottischen Queensferry spielt, von Kopf bis Fuß mit Kletten bedeckt und mit einem Hut aus Blumen bekrönt, den Klettenmann – einen magischen Burschen, der angeblich Glück bringen soll.

Trotz des Ruhms, der dem Soma, der Alraune und der Mistel zuteil wurde, war der Urwald, in dem solche Pflanzen gediehen, auf mannigfache Weise ein Feind der frühen Kulturen. Als Unterschlupf für Außenseiter und Heimstatt wilder Tiere bildeten die alten Wälder ein Hindernis für die Landwirtschaft, den Bau von Siedlungen und die Freizügigkeit des Reisens. Nachdem die Bauern in Europa die ursprünglich vorhandenen Wälder nach und nach abgeholzt hatten, wandelte sich die Einstellung des Menschen zu den Pflanzen und Bäumen in freier Natur von respektvollem Miteinander zum Glauben an seine eigene Vorherrschaft. Als im 16. und 17. Jahrhundert Andrea Caesalpino in Italien und Joseph Pitton de Tournefort (1656–1708) in Frankreich unabhängig voneinander die Pflanzen in Tausende von präzise definierten Arten einteilten, geriet auch das Studium der Pflanzen unter intellektuelle Kontrolle.

In der ganzen Welt hielten die Siedler die „Zähmung der Wildnis" für ihre vordringlichste Aufgabe. Im 17. Jahrhundert waren für die Pilger der Plymouth-Kolonie die Urwälder eine „schreckliche und trostlose Wildnis ... voller wilder Tiere und wilder Menschen". Und in der Alten Welt begann man damit, Pflanzen und Bäume in großen Gärten nach Phantasiefiguren oder sogar geometrischen Formen zurechtzustutzen.

Im 18. Jahrhundert dann wurde der schwedische Naturforscher Carl von Linné (1707–1778) von der gewaltigen Fülle an neuentdeckten Pflanzen- und Tierarten dazu inspiriert, ein ausgeklügeltes System zur Kategorisierung von Pflanzen zu entwickeln. Als Linnaeus, unter der lateinischen Form seines Namens, wurde er zum Vater der modernen Botanik – eine Entwicklung, die seine Familie ohne große Überraschung beobachtete, hatte sie ihm doch schon im Alter von acht Jahren den Spitznamen „der kleine Botaniker" gegeben. In seiner 1753 erschienenen *Species plantarum*, der bis auf den heutigen Tag gültigen „Bibel" der Botaniker, gab Linnaeus jeder bekannten Pflanzenart einen lateinischen Doppelnamen, bestehend aus einem Gattungs- und einem Artnamen.

Dieses neue System gab Händlern, Gärtnern und Botanikern aus verschiedenen Regionen die Sicherheit, daß sie über dieselben Pflanzen sprachen; doch der Preis für die Verständigung war hoch. Die lateinischen Begriffe ersetzten unausweichlich ein althergebrachtes Vokabular lokaler Pflanzennamen, die reich an Bedeutung waren. In England erfreute sich der Bodenefeu früher einer stattlichen Anzahl von Bezeichnungen, angefangen bei „Katzenfuß" über „Tonnenhuf" bis hin zu „Gill Bodenkriecher" und der merkwürdigen Bezeichnung „Heumagd". Unter den Linnéschen Regeln

George Washington Carver, ein begabter Maler, der sein Kunststudium aufgab, um Botaniker zu werden, schrieb seine erstaunlichen landwirtschaftlichen Entdeckungen seiner mystischen Beziehung zu Pflanzen zu. „Die Geheimnisse liegen in den Pflanzen selbst verborgen", sagte er gelegentlich. „Um sie ihnen zu entlocken, muß man sie einfach nur genug lieben."

wurden diese durch das sachliche *Glechoma hederacea* ersetzt.

Die Linnéschen Klassifikationen schufen auch eine Art Verständigungslücke zwischen den gebildeten Schichten und dem einfachen Landvolk, das der lateinischen Sprache nicht mächtig war. Die Bauern fanden die neue Terminologie unnatürlich. Die latinisierten Pflanzenbeschreibungen waren – so ein britischer Kommentar – „wie eine englische Grammatik auf Hebräisch". Einige Geisteswissenschaftler sahen es als Preis dieser „Verwissenschaftlichung" der Pflanzen, daß die Menschheit und die Pflanzenwelt in getrennte Daseinsbereiche geschieden wurden. Mit dem Aufkommen der Wissenschaft wuchs die Ungeduld gegenüber dem uralten Glauben an die religiösen und magischen Eigenschaften der Pflanzen. Für viele Studenten der Botanik wurde das Naturreich zu einer Welt trockener, „lebloser" Gegenstände, die es gemäß der jüngsten wissenschaftlichen Klassifikation zu prüfen und einzuteilen galt.

Aber noch während die Botaniker über ihre peniblen Klassifikationen nachdachten, wurde bei anderen, von der hemmungslosen Industrialisierung angewiderten Europäern die Sehnsucht nach unberührter Natur wach. Zwischen 1700 und 1850 zog die Masse der europäischen Bevölkerung vom Land in die Stadt, und kleine, individuell bebaute Äcker wurden zu größeren und effizienteren Feldern zusammengefaßt. In den Augen dieser neuen Städter, die im Rauch erstickten und Heimweh nach grünen Wiesen hatten, waren die Städte eine gesundheitsschädliche Wildnis, in der Krankheiten und mannigfaltige Gefahren lauerten, während ihnen das Land in der verklärenden Erinnerung wie ein Hafen der Unschuld vorkam.

Aufgrund zunehmender Knappheit waren Bäume mittlerweile im Wert gestiegen. Als die Holzpreise durch die Expansion im Schiffsbau und in anderen Industrien anzogen, begannen die Landeigner, Bäume in ebensolchen Mengen anzupflanzen, wie sie sie abholzten. Die Bäume eroberten sich auch nach und nach etwas von ihrer verlorengegangenen Bedeutung für die Menschen zurück. Schon 1691 notierte ein gewisser Thomas Tyron, viele Menschen glaubten, daß „Bäume Schmerzen haben, wenn man sie fällt, ebenso wie das Vieh und die Tiere leiden, wenn sie getötet werden".

Mit dem 19. Jahrhundert war man wieder am Ausgangspunkt und damit bei dem alten Naturverständnis angelangt. Über die fein säuberlich angelegte Ordnung eines formellen englischen Gartens sagte der Landschaftsmaler John Constable (1776–1837): „Ich habe eine Aversion gegen den Park eines Gentleman. Er ist nicht schön, weil er unnatürlich ist." Statt dessen priesen Poeten wie William Wordsworth (1770–1850) die Schönheit natürlicher Landschaften und wildwachsender Blumen. In einem von Wordsworths Gedichten findet der Poet „einen Ring, eine Schar goldener Narzissen / Neben dem See, unter den Bäumen, schaukelnd und tanzend in der Brise". Später heiterte allein die Erinnerung an die Blumen seine Gedanken auf: „Und dann füllt sich mein Herz mit Jauchzen / Und tanzt mit den Narzissen." Wald und Feld erhielten sogar ein wenig von ihrer religiösen Bedeutung zurück: Der amerikanische Schriftsteller William Cullen Bryant (1794–1878) bezeichnete die Wälder als „Gottes erste Tempel". Johann Wolfgang von Goethe (1749 bis 1832) glaubte, daß er durch die Betrachtung von Pflanzen mit dem Göttlichen kommunizieren könne. Vor seinem geistigen Auge ließ er den Lebenszyklus einer Pflanze vom Samen bis wieder hin zum Samen vorüberziehen und kam zu dem Schluß, daß alle Pflanzen von einer einzigen „Urpflanze" abstammten. Seiner Idee, daß Abkömmlinge dieser Urpflanze neue Formen entwickeln könnten, wird entscheidende Wirkung auf Charles Darwins (1809–1882) bahnbrechende Evolutionstheorie zugeschrieben.

Langsam verbreitete sich die wieder humanisierte Auffassung von Pflanzen auch in der Botanik selbst. Zu den bekanntesten Forschern, die Sachkenntnis mit Respekt vor dem Leben der Pflanzen verbanden, gehörte der schwarze amerikanische Wissenschaftler George Washington Carver (1864–1943), dessen Lebenswerk vielen auf fast ideale Weise das Gleichgewicht zu halten schien zwischen der Verwendung der Pflanzen zum Wohl des Menschen und ihrer Verehrung als wunderbare Schöpfung Gottes.

Einige Jahrzehnte nachdem Goethe über seine imaginäre Urpflanze nachgedacht hatte, kam Carver auf einer Farm in Montana als Sklave zur Welt. Nachdem er durch den Amerikanischen Bürgerkrieg in früher Kindheit die Freiheit erlangt hatte, verbrachte der Knabe den größten Teil seiner Zeit im Wald, wo er in einem selbstgebauten Gewächshaus, das er sein „Gartenhospital" nannte, kranke Pflanzen wieder gesund pflegte. Der scheue Junge, dem Nachbarn den Beinamen „Pflanzendoktor" gaben, schrieb seine Fähigkeiten den Äußerungen der Pflanzen selbst zu. „Alle Pflanzen sprechen mit mir", sagte er. „Und das tun auch Hunderte von anderen kleinen Lebewesen im Wald. Das, was ich weiß, lerne ich durch Beobachtung und Liebe."

Carver war 1891 der erste schwarze Student, der sich an der Iowa State University einschrieb. Nachdem er sein Studium mit dem Bakkalaureat und dem Magister Artium abgeschlossen hatte, nahm er eine Anstellung als Leiter der neugegründeten landwirtschaftlichen Fakultät in Tuskeegee an, einem Schwarzen-College in Alabama, das von dem Ex-Sklaven Booker T. Washington gegründet worden war. Am ersten Tag in Tuskeegee, berichtete Carver später seinen Studenten, habe er aus dem Fenster geschaut und eine Vision gehabt, eine von vielen göttlichen Offenbarungen, die ihm in seinem Leben geschenkt worden seien. Statt des unfruchtbaren Lehmbodens des an Muttererde armen Alabama habe er üppige grüne Hügel gesehen, auf denen propere, frisch gestrichene Bauernhäuser standen. Von diesem Tag an machte es sich der junge Professor zur Aufgabe, den ausgelaugten Boden des Südens, dem durch die zu häufige Anpflanzung von Baumwolle die Nährstoffe entzogen worden waren, wieder anzureichern.

Während der folgenden Jahrzehnte zeitigten Carvers Talente ungeheure Früchte. Er fand neue und profitable Verwendungszwecke für vorher unbeachtete Feldfrüchte wie Erdnüsse und Süßkartoffeln – Pflanzen, die auch halfen, dem Boden wieder Nährstoffe zuzuführen. Wie schon in der Kindheit schrieb Carver seine Erfolge der göttlichen Wirk-

Die Kraft eines Baumes

Nach der chinesischen Überlieferung, die Praktiken wie *Feng Shui* und Akupunktur begründete, ist das gesamte Universum von einer unsichtbaren Lebenskraft, dem *ch'i* oder *qi*, durchströmt. Vor allem die Bäume hält man für Quellen der Lebensenergie; man glaubt, daß sie diese mit Hilfe ihrer Wurzeln aus der Erde ziehen und durch ihre Blätter abgeben. Im Körper des Menschen soll das Ch'i angeblich kreisen: Es beginne im Unterleib, gehe unter dem Steißbein entlang der Wirbelsäule bis zum Kopf hinauf und kehre dann wieder in den Unterbauch zurück. Ein freier Fluß des Ch'i wird für das geistige, seelische und physische Wohlbefinden als unerläßlich erachtet.

Eine weitere chinesische Überzeugung war, daß jedes Lebewesen auf das Ch'i in einem anderen Lebewesen reagieren könne. Auf dieser Basis entwickelten die Anhänger der Meditationskunst *ch'i kung* eine Übung, bei der man sich den aufsteigenden Fluß des Ch'i in einem Baum nutzbar macht, um den Energiekreislauf im Körper zu fördern. Vor einer solchen Übung sucht sich der Meditierende mit allergrößter Sorgfalt einen passenden Baum zur Inspiration aus. Nadelbäume hält man für am geeignetsten, weil sie von den jahreszeitlich bedingten Veränderungen unberührt bleiben. Ahorn hingegen wird im allgemeinen gemieden; der Überlieferung nach ist er eher unwirtlich. Unabhängig von der Gattung darf der Baum weder zu groß noch zu klein sein, damit die verfügbare Energie weder zu stark noch allzu schwach ist. Der Stamm sollte gerade gewachsen und glatt sein, und – was vielleicht am wichtigsten ist – der Meditierende muß sich zu dem Baum hingezogen fühlen.

Ist der passende Baum gefunden, lehnt sich der Meditierende entweder sitzend oder stehend mit geradem Rücken gegen den Stamm. Nunmehr beginnt ein Prozeß der Konzentration, in dessen Verlauf das Ch'i durch die Wirbelsäule zum Kopf hinaufgezogen wird, während man eine Aufwallung von Kraft in dem Baum zu spüren versucht. Eine Sitzung dauert nicht länger als zehn Minuten. Am Ende achtet der Ch'i-kung-Anhänger darauf, das Ch'i wieder in den Bauch zurückzulenken, indem er diesen reibt. Überschüssiges Ch'i in anderen Körperteilen gilt als potentiell schädlich.

lichkeit zu, die er durch die Pflanzen erfuhr. Der Wissenschaftler betete jeden Tag vor Betreten seines Labors, das er „Gottes kleine Werkstatt" nannte. „Ich nehme niemals Bücher in mein Labor mit", gestand er New Yorker Zuhörern. „Ich muß nie nach Methoden suchen. Die Methode wird mir in dem Augenblick enthüllt, da ich inspiriert werde, etwas Neues zu schaffen." Er könne nichts tun, so sagte er, ohne daß Gott „den Vorhang beiseite schiebt".

Bis zum Jahr 1930 hatte Carver nicht nur einen Teil des gefährdeten Bodens im Süden gerettet, sondern auch fast ohne fremde Hilfe eine regionale landwirtschaftliche Industrie mit einem Volumen von stattlichen 250 Millionen Dollar aufgebaut. Trotz hochdotierter Beschäftigungsangebote von seiten solcher Titanen der Industrie wie Thomas Edison und Henry Ford blieb er jedoch seiner Arbeit in Alabama treu. Eines Tages, gegen Ende von Carvers Leben, bemerkte ein Besucher, wie der berühmte Agrarwissenschaftler sanft eine kleine Pflanze auf seinem Labortisch liebkoste. „Wenn ich diese Blume berühre", erklärte Carver, „berühre ich die Unendlichkeit. Die Pflanze existierte lange, bevor es Menschen auf dieser Erde gab, und sie wird noch Millionen von Jahren weiterexistieren. Durch das Medium dieser Blume spreche ich mit dem Unendlichen, das nur eine stumme Kraft ist. Es ist kein physischer Kontakt. Diese Kraft findet man nicht im Erdbeben, im Wind oder im Feuer. Sie ist vorhanden in der unsichtbaren Welt. Sie ist die kleine feine Stimme, welche die Feen herbeiruft."

Für Carver gehörte diese „Feenstimme" eher zu der alles Lebendige durchdringenden göttlichen Kraft als zu einer bestimmten Pflanze. In den letzten Jahrzehnten haben andere Botaniker die Idee von dem individuellen Pflanzenbewußtsein weitaus wörtlicher genommen. Gewiß scheinen einige Pflanzen mit erschreckender Zielgerichtetheit zu agieren. Die fleischfressende Venusfliegenfalle, zum Beispiel, fängt und verspeist hilflose Insekten, und die Sonnenblume ist eine von mehreren Pflanzen, die sich nach dem Sonnenstand ausrichten. Bestimmte Akazien zeigen ein noch komplexeres Verhalten, indem sie die Ameisen mit einer Extraportion Nektar „belohnen", damit sie andere räuberische Insekten abwehren, die der Pflanze schaden. Und in vielen Gegenden reagiert gewöhnliches Gebüsch auf den Hufschlag sich nähernden Viehs, indem es sich einen Anschein von Verwelktheit gibt, um unappetitlich zu wirken.

Zu Beginn des 20. Jahrhunderts stellte der österreichische Biologe Raoul Heinrich Francé (1874–1943) die These auf, diese und andere Verhaltensmuster ließen darauf schließen, daß den Bewegungen von Pflanzen, ebenso wie denen der Menschen, ein freier Wille zugrunde liege. Francé behauptete, daß sich die meisten Pflanzen in einem so langsamen Tempo bewegten, daß die Menschen es gar nicht bemerkten. Er selbst, so sagte er, habe beobachtet, wie Zweige und Knospen zu Erkundungszwecken Kreise in der Luft beschrieben und wie Ranken die Umgebung abtasteten. Nachdem Francé jahrelang solche Pflanzenaktivitäten untersucht hatte, kam er zu dem Schluß, daß Pflanzen voll bewußte, intelligente Wesen seien, die in einer dem Menschen unbekannten Daseinsdimension agierten.

Obwohl Francés Beobachtungen von seinen Zeitgenossen abschätzig beurteilt wurden, erhielten seine Ideen wieder Zulauf, als in den 60er Jahren eine Reihe von neuen Experimenten die Vermutung nahelegten, daß Lügendetektoren die emotionalen Reaktionen bei Pflanzen ebenso wie bei Menschen messen könnten. Dieser Forschungszweig wurde zu später Stunde an einem Abend im Jahre 1966 begründet. An diesem Abend entschloß sich der Sicherheitsberater Cleve Backster aus Neugier zu messen, wie schnell sich der elektrische Widerstand der Dracaena, des Drachenbaumes – einer kleinen breitblättrigen Topfpflanze, die einer Palme ähnelt –, verändern würde, wenn er ihr Wasser gab.

Backster, ein ehemaliger CIA-Angestellter, war darin ausgebildet, den elektrischen Widerstand der menschlichen Haut durch Polygraphen oder Lügendetektoren zu messen. Normalerweise werden die Elektroden eines solchen Geräts an den Fingerspitzen eines Menschen befestigt. Eine Vorrichtung, die man als Galvanometer bezeichnet, mißt Veränderungen in der elektrischen Leitfähigkeit der Haut, und ein mechanischer Schreiber zeichnet diese Werte auf einem Papierstreifen auf. Wenn die Versuchsperson starken Streß empfindet – wie etwa bei einer Lüge –, dann erscheinen in der relativ ausgeglichenen Linie starke Ausschläge.

Backster überlegte, daß man dieselbe Vorrichtung auch verwenden könnte, um mögliche Veränderungen in der Leitfähigkeit der Dracaena zu untersuchen. Nachdem er die Elektroden an einem Blatt der Pflanze angebracht hatte, ganz so, wie er es auch an der menschlichen Hand getan hätte, stellte er fest, daß die aufgezeichneten Meßwerte der Pflanze gleichbleibend ruhig waren. Als er der Pflanze jedoch Wasser gab, erwiesen sich die nächsten Diagramme als Überraschung. Aufgrund seines physikalischen Wissens erwartete Backster, daß das zirkulierende Wasser die Leitfähigkeit der Pflanze langsam steigern würde. Wie er später berichtete, sah er statt dessen zu seinem Erstaunen, daß der Polygraph eine Linie beschrieb, die bei Menschen auf einen angenehmen Entspannungszustand hinweisen würde.

Fasziniert von dieser unerwarteten Reaktion, beschloß Backster, die Pflanze in Streß zu versetzen und zu diesem Zweck eines ihrer Blätter zu verbrennen. Noch bevor er zu den Streichhölzern griff, zeigten sich im Pflanzendiagramm reihenweise hektische Spitzen, ähnlich denen, die bei einem Menschen im Zustand physischer Angst erzeugt werden. Wenn die Veränderung in den elektrischen Signalen nicht purer Zufall sein sollte, dann, so schloß Backster, mußte die Pflanze seine Gedanken gelesen und darauf reagiert haben, wie jedes denkende Wesen darauf reagiert hätte.

Die nächsten Monate erforschte Backster dieses merkwürdige Phänomen mit einer Reihe innovativer Experimente. Bei einem Test legten sechs seiner Studenten im Losverfahren fest, wer von ihnen eine Zimmerpflanze in Anwesenheit einer anderen Pflanze in Stücke reißen sollte. Derjenige, den das Los traf, beging die Tat; danach wurden die sechs Studenten nacheinander der überlebenden Pflanze vorgeführt. Auf fünf von ihnen reagierte sie nicht, aber den sechsten empfing sie mit aufgeregten Signalen, die ihn völlig zutreffend als den Mörder identifizierten.

In seinem später berühmtesten Experiment testete Backster auch die Reaktion von drei Philodendren auf den Tod einiger Garnelen im Kochtopf. Als die Garnelen starben, verzeichneten Backsters Polygraphen elektrische Signale, die bei seinen Pflanzen alle Anzeichen von Streß aufwiesen. Aber wenn er nur reines Wasser in den Kochtopf einlaufen ließ, blieben die Pflanzen passiv und die Signale stetig.

Inzwischen hatte sich Backster der Idee der Pflanzenintelligenz ganz verschrieben. Als seine Pflanzen einmal vor einer vornehmen Besucherin versagten, erklärte er, daß sie „ohnmächtig" geworden seien, weil die Besucherin früher in ihrem Labor Pflanzen verbrannt habe. (In ähnlicher Weise machten andere Versuchsleiter später „mißmutige" oder „träge" Pflanzen für ausbleibende Resultate verantwortlich.)

Bei anderen Gelegenheiten mußte Backster darum kämpfen, plausible Erklärungen für unvorhergesehene Veränderungen im Diagramm einer Pflanze zu finden. Einmal entschied er sich dafür, daß eine plötzlich aktive Pflanze auf den Tod von Bakterien in einem Becken reagiert habe, in das heißes Wasser lief; in einem anderen Fall glaubte er, daß die Pflanze den Tod von Körperzellen gespürt habe, als er eine Schnittwunde an seinem Finger mit Jod behandelte. Backster publizierte einige seiner Ergebnisse 1968 in *The International Journal of Parapsychology* unter dem Titel *Evidence of Primary Perception in Plant Life* („Beweise für eine Grundwahrnehmung bei Pflanzen").

Als Backsters Arbeiten bekannter wurden, unternahmen einige vom Paranormalen faszinierte Menschen, darunter ein hochgeachteter Chemiker der Forschungsabteilung von IBM, ähnliche Pflanzenexperimente und kamen teilweise zu den gleichen Resultaten. Im Jahre 1973 erfuhr die Veröffentlichung des populärwissenschaftlichen Buches *The Secret Life of Plants* (deutsch 1988, *Das geheime Leben der Pflanzen*) von Peter Tompkins und Christopher Bird, in dem Backsters Arbeiten und andere Forschungen an Pflanzen vorgestellt wurden, große Beachtung. Schnell verbreitete sich die Idee, daß, wie es die *New York Times* formulierte, Pflanzen „Angst haben, lieben, hassen, sich vor Hunden fürchten und möglicherweise Gedanken lesen können".

Berichte von Interaktionen zwischen Mensch und Pflanze tauchten in allen möglichen Städten quer über den nordamerikanischen Kontinent auf und fanden auch in militärischen Forschungsstätten offene Ohren. Im Jahre 1973 berichtete der Militäranalytiker Eldon Byrd, daß er einige von Backsters Experimenten im Labor in Silver Spring, Maryland, wiederholt habe. In seiner Studie setzte Byrd Pflanzen der Zerstückelung, dem Feuer und sogar ultraviolettem Licht aus und zeichnete dann ihre Reaktionen auf. Wie schon Backster fand auch Byrd heraus, daß die Pflanzen allem Anschein nach ebenso auf die Absicht

Cleve Backster demonstriert ein Verfahren mit dem Lügendetektor bei Pflanzen: Dieses Diagramm zeige ihre Panik bei der Drohung, verbrannt zu werden. Anfang der 70er Jahre überredete Backster die Polizei von New Jersey, ihn bei der Aufklärung eines Mordes mitwirken zu lassen: Die Pflanzen würden vielleicht den Mörder „erkennen" und Angst signalisieren. Aber bei der „Gegenüberstellung" reagierten die Pflanzen nicht; wie sich herausstellte, befand sich unter den „Vorgeführten" keiner, der den Mord begangen hatte.

des Versuchsleiters wie auf seine Taten reagierten. In Fort Belvoir, Virginia, stellten Wissenschaftler in militärischen Diensten umfangreiche Überlegungen an, Pflanzen als Lügendetektoren bei Experimenten einzusetzen, in denen die emotionale Reaktion von Menschen durch die Reaktion von in der Nähe befindlichen Pflanzen gemessen werden sollte.

Andere Wissenschaftler waren hingegen nicht so enthusiastisch, da mehrere streng kontrollierte Versuche, in denen Backsters Experimente wiederholt worden waren, dessen Ergebnisse keineswegs bestätigt hatten. John Kmetz, wissenschaftlicher Mitarbeiter an der von privater Seite gegründeten *Science Unlimited Research Foundation* war 1978 der letzte in einer Reihe von Wissenschaftlern, die eng mit Backster zusammenarbeiteten, um dessen klassisches Garnelen-Experiment zu wiederholen. Obwohl Kmetz sämtliche Grundregeln Backsters befolgte und sogar vermied, alte und neue Pflanzen zusammenzubringen, um einen Austausch von Erfahrungen zu verhindern, gelang es ihm nicht, Emotionen bei Pflanzen nachzuweisen. Seine Forschungen, so schrieb Kmetz, hätten ihn zu der Überzeugung

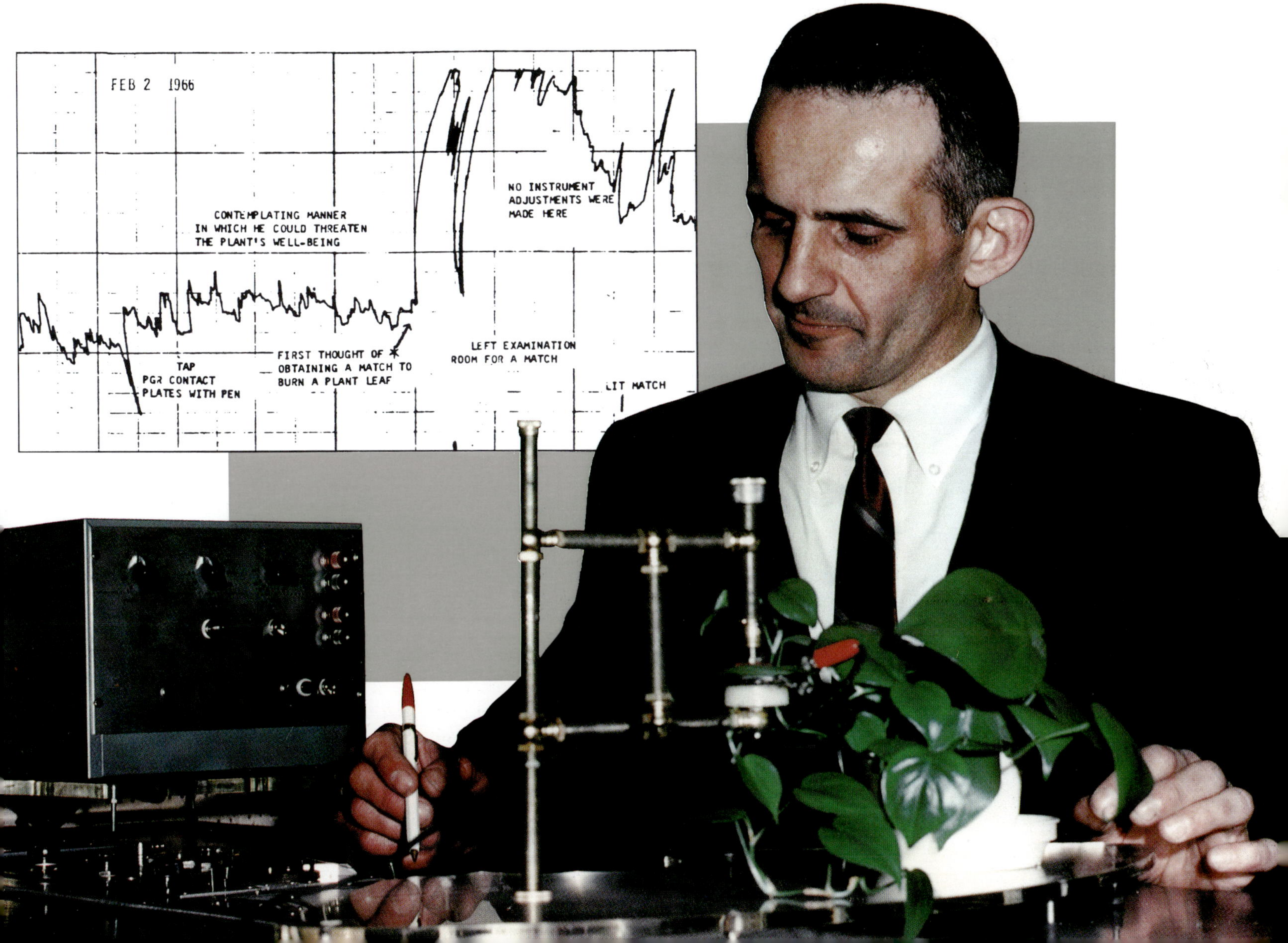

Nach Experimenten zu urteilen, die Ende der 60er Jahre in Denver von Dorothy Retallack – hier im Bild mit ihrem Professor Francis Broman – durchgeführt wurden, reagieren Pflanzen nicht nur auf Musik, sie bekunden vielmehr dabei auch Vorlieben und Abneigungen. Beispielsweise soll eine der unten abgebildeten Pflanzen ihren Widerwillen gegen die klassische Avantgarde-Musik dadurch ausgedrückt haben, daß sie sich vom Tonband wegdrehte; die andere soll angeblich an zuviel Rock-Musik eingegangen sein. Retallack fand – wie sie glaubt – heraus, daß Musik auch das Pflanzenwachstum beeinflußt, was das rechte Photo hinreichend beweise, auf dem die Wurzeln einer mit Rock-Musik stimulierten Pflanze (ganz rechts), verglichen mit denen der Kontrollpflanze (links daneben), dünn und kümmerlich wirken.

gebracht, „daß Backsters Resultate vielleicht auf ein willkürliches elektrisches Funktionieren der Elektroden zurückzuführen sind ... Ich vermute, daß er elektronisches Rauschen als Reaktion bezeichnet". Die Rauschtheorie könnte auch hinreichend erklären, weshalb es anderen Forschern gelungen ist, durchaus vergleichbare Effekte bei unbelebten Objekten, etwa feuchten Kleidern, zu erzeugen. Backster selbst hatte über deutliche „emotionale Reaktionen bei zerrissenen Blättern, Hühnereiern, menschlichem Blut und Joghurt berichtet.

Einen ebenso besonnenen Beitrag zu dem fraglichen Problemkomplex lieferte Anthony Huxley, Gartenexperte und Neffe des Schriftstellers Aldous Huxley. Auf die Frage: „Haben Pflanzen Gefühle?" antwortete Huxley mit Ja und Nein. Pflanzen, sagte er, besäßen ein rudimentäres System von „chemischen Boten", die Reaktionen auf physische Empfindungen auslösen könnten, wobei diese Reaktionen jedoch keine emotionale oder intellektuelle Wahrnehmung darstellten. Nach Huxleys Ansicht lassen sich die meisten sogenannten Demonstrationen von Pflanzenbewußtsein mit einer Kombination aus Pflanzenphysiologie und menschlicher Sentimentalität erklären. „Es muß einmal gesagt werden, daß es nach Wunschanthropomorphismus klingt, wenn man Pflanzen die Fähigkeit zu Ohnmachten oder zu Telepathie unterstellt – nach dem unterschwelligen Wunsch von seiten des Menschen, daß ihm andere Lebewesen so stark wie möglich ähneln sollen, weil ihnen das vermutlich ein wenig von ihrer Fremdartigkeit und vielleicht auch von ihrer Bedrohlichkeit nimmt."

Während Huxley und andere die Spekulationen über die Existenz einer Pflanzenintelligenz vorsichtig dämpften, erforschte eine andere Gruppe von Wissenschaftlern die Wirkungen der Musik auf die Pflanzenentwicklung. Zu den Pionieren auf diesem Gebiet gehörte T. C. Singh, Leiter der botanischen Abteilung an der indischen Annamalai Universität. Sein Werk wurde möglicherweise von der alten indischen Tradition des *dohada* inspiriert, einer Gartentechnik,

das Wachstum, die Blüte, den Ertrag sowie die Samenproduktion der Pflanzen beeinflussen". Im nahrungsmittelarmen Indien bestand Singhs nächster Schritt also darin, seine Erkenntnisse für die Verbesserung der Ernteerträge einzusetzen. Er bespielte Reisfelder über Lautsprecher mit indischen Ragas. Seinen Berichten zufolge übertraf der Ertrag dieser Felder den Ertrag unbespielter Felder um 25 bis 67 Prozent.

Studien über Tonbeschallung – wie man dieses Verfahren später nannte – folgten noch an anderen Instituten, obwohl die Unklarheit der Resultate schließlich zu einem Nachlassen der Forschung führte, teilweise sogar zu Stillstand und endgültigem Abbruch. Zu den eher vielversprechenden Ergebnissen gehörten diejenigen eines Teams der Universität von Ottawa, das Mitte der 60er Jahre berichtete, Weizenkörner, die einem hohen Ton ausgesetzt worden waren, seien später zu Pflanzen von doppelt so großem Gewicht wie dem gewöhnlicher Exemplare herangewachsen.

bei der das Wachstum von Bäumen und Pflanzen durch das Singen und Spielen von Musik gefördert wird.

Nach Berichten eines westlichen Beobachters, der Singh 1950 besuchte, begann der Versuchsleiter mit seiner Arbeit bezeichnenderweise vor Sonnenaufgang, weil sich das Protoplasma in den Blättern nachts langsamer bewegt. In der Dunkelheit vor Sonnenaufgang beobachtete der Besucher, wie Singh am Mikroskop das langsame Strömen des Protoplasmas durch das transparente Blatt einer Hydrilla verfolgte. Sobald der Wissenschaftler eine Stimmgabel anschlug, nahm der Fluß des Protoplasmas deutlich zu, was auf ein erhöhtes Stoffwechseltempo schließen ließ, das seinerseits wieder zu schnellerem Wachstum führen konnte.

In einem anderen Experiment fand Singh heraus, daß der Klang einer Violine eine ähnliche Wirkung auf Mimosen hatte. Nachdem er die Pflanzen zwei Wochen lang mit Violinmusik berieselt hatte, stellte er fest, daß sie zwei Drittel mehr Stomata – Spaltöffnungen, durch welche die Pflanze „atmet" – aufwiesen als vergleichbare Exemplare, die man ohne Musik aufgezogen hatte. Sogar die Zellen der mit Musik berieselten Pflanzen schienen größer und kräftiger. Gestützt auf diese und weitere Forschungsergebnisse, verkündete Singh später in einem indischen Landwirtschaftsjournal, daß „ganz unzweifelhaft harmonische Schallwellen

Als Singhs Musikforschungen sich herumsprachen, entschloß sich ein skeptischer Botaniker aus Illinois, George E. Smith, selbst eine Versuchsreihe zu starten. Smith pflanzte identische Getreidesorten und Sojabohnen in zwei völlig übereinstimmenden Gewächshäusern an, in denen eine sorgfältige Regulierung aller entsprechenden Komponenten für die gleichen Wachstumsbedingungen sorgte, mit einem Unterschied: Eines der beiden Gewächshäuser stattete er mit einem Phonographen aus, der rund um die Uhr George Gershwins *Rhapsody in Blue* spielte. Zu Smiths großer Überraschung keimten die Pflanzen in diesem Gewächshaus eher als in dem unbeschallten Gegenstück.

Eingehend befaßt mit der Frage, ob Musik das Pflanzenwachstum beeinflußt, hat sich auch Dorothy Retallack – damals studierende Mutter von acht Kindern und bereits Großmutter. Fasziniert von einem Zeitschriftenartikel über Smiths Gershwin-Experiment, überredete Retallack ihren Biologieprofessor, sie die Wirkung von Geräuschen auf Pflanzen untersuchen zu lassen. In etwa 1,70 Meter langen, speziellen Kammern, die eine genaue Kontrolle von Feuchtigkeit, Temperatur und Licht ermöglichten, wurden Retallacks Geranien, Philodendren, Mais und Rettiche acht

Stunden lang per Tonband dem immer wieder angeschlagenen f-Ton eines Klaviers ausgesetzt. Ihrem Bericht zufolge gingen die Pflanzen alle innerhalb von zwei Wochen ein. In einer zweiten Kammer jedoch entwickelten sich Pflanzen, die der gleichen monotonen Beschallung, jedoch nur drei Stunden am Tag, ausgesetzt waren, viel besser als eine Kontrollgruppe von Pflanzen in einer dritten Kammer ohne Geräusche. Dorothy Retallack, Mezzosopranistin und Organistin, fragte sich, ob der f-Ton ihre glücklosen Exemplare zu Tode gelangweilt haben mochte. Zur Klärung dieser Frage entschloß sie sich zu erforschen, wie Pflanzen auf verschiedene Arten von Musik reagierten, und entdeckte zu ihrer eigenen Überraschung, daß die Pflanzen den gleichen Musikgeschmack wie sie selbst hatten.

Rockmusik, die Retallack nicht mochte, erwies sich bei den Experimenten als extrem destruktiv. Sie zwang die Pflanzen, sich von den Lautsprechern abzuwenden, und ließ eine Gruppe von Ringelblumen sogar eingehen. Choräle von Bach und klassische indische Ragas hingegen unterstützten die Pflanzen angeblich in ihrem Wachstum; sie drehten sich den Lautsprechern zu, wie um die erhabenen Klänge noch intensiver wahrzunehmen. Die Pflanzen bewiesen auch eine ausgeprägte Vorliebe für Jazz-Aufnahmen von Louis Armstrong und Duke Ellington, reagierten jedoch merkwürdigerweise nicht auf Country-and-Western-Songs.

Am 16. Oktober 1970 bekam Retallack Gelegenheit, ihre Ergebnisse in den Abendnachrichten von CBS vorzustellen. Als die Moderatoren sie baten, ein Rock-gegen-Raga-Experiment zu arrangieren, das in Zeitlupe gefilmt werden sollte, sei ihr, so gab Retallack später zu, „fast übel vor Nervosität" gewesen. Doch ihre botanischen Schützlinge zeigten sich der Lage gewachsen und drehten sich gehorsam den melodiösen Klängen von Ravi Shankars Sitar zu und weg von dem Dröhnen des Rock'n'Roll.

Wie schon Backster wurde auch Retallack in konventionellen wissenschaftlichen Kreisen mit dem Argument kritisiert, daß sie ausgeprägte musikalische Vorlieben habe und auf wissenschaftlichem Gebiet relativ unerfahren sei. Obwohl Frank Salisbury vom Fachbereich Botanik an der Logan's Utah State University keine spezifischen Argumente gegen Retallacks Arbeit ins Feld führte, sprach er doch vielen seiner Kollegen aus dem Herzen, als er gegenüber der *New York Times* sagte: „Ich will nicht behaupten, daß alles Unfug ist. Aber auf diesem Gebiet gibt es seit Jahren unglaublich viel Pseudo-Wissenschaftlichkeit. Die meisten dieser sogenannten Resultate haben sich nicht aus wirklich wissenschaftlich durchgeführten Experimenten ergeben. Und solange dies nicht der Fall ist, glaube ich gar nichts."

Wie auch immer das Urteil über Pflanzenbewußtsein ausfallen mag, fest steht, daß der Mensch selbst in der hochtechnisiertesten und modernsten Umgebung das Bedürfnis nach Lebendig-Grünem hat. In den 80er und 90er Jahren des 20. Jahrhunderts wurde die uralte Verbundenheit des Menschen mit der Pflanzenwelt lebhaft bestätigt durch das Verhalten der sowjetischen Kosmonauten an Bord der Raumstationen *Saljut 6*, *Saljut 7* und *Mir*. Aus Gründen der Zweckmäßigkeit gehörten zum „Mobiliar" der erstmals mehrere Monate ohne Unterbrechung bemannten Stationen besondere, für die Bedingungen der Schwerelosigkeit ausgestattete Gewächshäuser. Die hier gezogenen Pflanzen sollten die Zirkulation des Sauerstoffs in dem Raumschiff unterstützen (obwohl die Luft durch einen chemischen Prozeß atembar gemacht wurde). Auch diverse Gemüse und Gewürze, etwa Petersilie, Dill, Zwiebeln und Knoblauch sowie Weizen, wurden gezogen, um den Speiseplan der Kosmonauten zu ergänzen. Mit Baumwollsamen wollte man darüber hinaus die Eignung von im Weltraum angebauten Textilfasern für längere zukünftige Reisen untersuchen. Die Sowjets mußten allerdings feststellen, daß die praktischen Ziele dieses Programms nur von zweitrangiger Bedeutung waren. All die Pflanzen, die an Bord gezogen wurden, spielten eine viel bedeutsamere Rolle dabei, die seelische Gesundheit der Kosmonauten aufrechtzuerhalten.

Nach 185 Tagen im Orbit betonte einer der Kosmonauten der *Saljut 6*-Mannschaft, der die Pflanzen „unsere grünen Freunde" nannte, daß er die Wichtigkeit des Pflanzengärtchens für sein psychisches Wohlergehen nicht genug hervorheben könne. Ein anderer Kosmonaut, der 211 Tage an Bord von *Saljut 7* verbracht hatte, reagierte ähnlich. „Ich glaube, daß es bei zukünftigen Flügen viele Pflanzen geben wird. Sie sind für den Menschen im All einfach unerläßlich", sagte er. „Unten auf der Erde habe ich niemals gern im Garten herumgewerkelt. Aber in der Raumstation war es, als ob ich plötzlich erwachte ... Ein winziges Blatt entfaltete sich, und es schien, als ob sich ein helles Fenster zur Welt auftat."

Die Kunst des Feng Shui

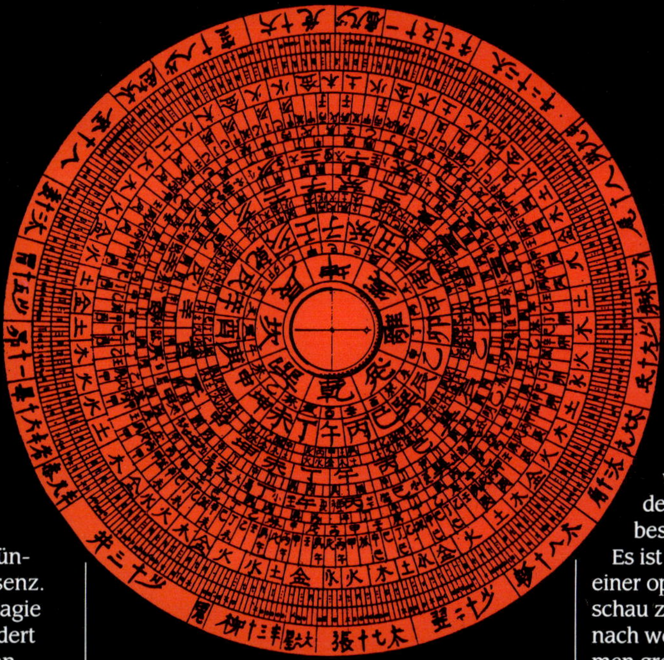

Viele Feng-Shui-Berater benutzen den Lo Pan, den „Himmelskompaß" (oben), um mit Hilfe der konzentrischen Kreise die astrologischen Einflüsse auf ein Grundstück zu bestimmen. Andere verlassen sich mehr auf Gestalt und mystische Eigenschaften der abgebildeten vier heiligen Tiere, deren Bedeutung auf den folgenden Seiten erläutert wird.

„Da ist ein magischer Schimmer von Licht ... mitten in der Verwirrung herrscht Frieden; inmitten des Friedens schwebt eine festliche Melodie. Tritt man in seine Gegenwart ein, dann gehen die Augen auf. Das Herz jauchzt, ob man sitzt oder liegt. Hier bündelt sich das Ch'i, sammelt sich die Essenz. Das Licht scheint in der Mitte; und die Magie strahlt nach allen Seiten aus." So schildert ein Chinese im 17. Jahrhundert einen angenehmen und glückverheißenden Ort, an dem man durch die sorgfältige Beachtung des *Feng Shui* eine gute Balance zwischen den Erdenergien hergestellt hatte.

Feng Shui – das Wort bedeutet „Wind-Wasser" – ist die chinesische Bezeichnung für die Ausstrahlung eines Ortes wie auch für die Kunst, Werke von Menschenhand mit ihrer natürlichen Umgebung in Einklang zu bringen, und beinhaltet das Studium der fließenden Dinge. Der Fluß des *ch'i* oder *qi* – der Lebensenergie, des kosmischen Atems der Erde – ist die Essenz dieser Kunst.

Der Feng-Shui-Meister erforscht die Erde wie der Astrologe den Himmel und sucht nach Details, von denen zukünftige Ereignisse beeinflußt werden könnten. Ziel ist allerdings nicht die Vorhersage, sondern eine gute Plazierung von Bauten und das Einwirken auf den günstigen Fluß des Ch'i, damit das bestmögliche Resultat erreicht wird.

Es ist üblich, mit Hilfe des Feng Shui nach einer optimal gelegenen Familiengruft Ausschau zu halten. Dem chinesischen Glauben nach werden die Vorfahren ihren Nachkommen großen Segen zuteil werden lassen, wenn sie in ihren „Yin-Wohnungen" oder Gräbern glücklich sind.

Ein günstiger Standort ist jedoch auch für die „Yang-Wohnungen" der Lebenden von Bedeutung. Das Feng Shui einer Wohnung oder eines Geschäfts beeinflußt angeblich alle Lebensbereiche – darunter Gesundheit, Heirat, Karriere und Ansehen – Glück oder Unglück. Wenn beispielsweise das Feng Shui einer Schule ungünstig ist, werden die Schüler nicht so rasch lernen. Da so viel auf dem Spiel steht und die Vorschriften des Feng Shui komplex sind, konsultieren Chinesen, die es sich leisten können, einen Feng-Shui-Meister, wenn sie einen Bau planen oder ein Geschäft eröffnen wollen.

SCHWARZE SCHILDKRÖTE

WEISSER TIGER

GRÜNER DRACHE

ROTER PHÖNIX

Der richtige Standort von Gebäuden

In dieser für ein Haus idealen Umgebung schmiegt sich das Anwesen zwischen vier schützende Berge, von denen jeder eines der vier heiligen Tiere darstellt. Das Wasser, das in einer sanften Biegung an dem Haus vorbeifließt, verspricht Wohlstand.

„Yang-Wohnungen“, die Wohnungen der Lebenden, sind nicht nur deren Privatwohnungen, sondern auch Gebäude aller Art wie etwa Tempel, Banken, Schulen, Fabriken, Versammlungssäle. In der Vergangenheit planten die Chinesen solche Bauwerke in Übereinstimmung mit Feng-Shui-Prinzipien. Selbst heute gibt es in einigen Teilen Chinas und anderen Ländern, in denen Chinesen sich niedergelassen haben, Berater, welche die Besitzer bei der Suche, beim Bauen und Verbessern einer Wohnung beraten.

Die erste Überlegung gilt dem Grundstück, auf dem der Bau geplant ist oder auf dem schon ein Gebäude existiert. Das Gelände sollte dem Fluß des Ch'i Zutritt gewähren und an der Vorderseite keine Hindernisse aufweisen, die das Ch'i blockieren. Ganz ebenes Bauland gilt als ungünstig, weil es angeblich überhaupt kein Ch'i besitzt. Hebungen und Neigungen des Geländes sollen allerdings sanft und fließend sein und nie so steil, daß sie den Fluß des Ch'i behindern oder den Wohlstand entgleiten lassen.

Diesem Haus, das in einer Flußbiegung steht, müßte großer Wohlstand beschieden sein, denn Wasser symbolisiert Geld.

Gleichwohl glaubt man, daß Berge reich an Ch'i und auf ihre Weise sehr wünschenswert sind. Als Idealplatz für ein Haus gilt ein flaches Grundstück auf halber Höhe an der Südseite eines Berges *(oben)*. Im optimalen Fall liegen weitere Hügel im Osten, Westen und Süden, von denen der südliche flach genug sein sollte, um einen unversperrten Blick und eine gute Zirkulation des Ch'i zuzulassen. In solch günstiger Landschaft heißt der schützende Berg im Norden „Schwarze Schildkröte“. Der „Grüne Drache“ im Osten sollte ein wenig größer als der „Weiße Tiger“ im Westen sein. Der südliche Berg wird als „Roter Phönix“ bezeichnet.

Mit diesen Berggestalten sind eine Vielzahl von mystischen Assoziationen verknüpft. Unter anderem sind sie die vier wichtigsten Konstellationen der traditionellen chinesischen Astronomie und beherrschen jeweils einen Quadranten des Nachthimmels.

Auf dem idealen Grundstück steht der Rote Phönix für Feuer, der Grüne Drache für Holz, der Weiße Tiger für Metall und die Schwarze Schildkröte für Wasser. Das Haus selbst, das im Zentrum steht, repräsentiert die Erde, das fünfte große Element in der chinesischen Tradition, das wegen seiner Dauerhaftigkeit und Stabilität geschätzt wird.

In den alten Feng-Shui-Texten wird gelehrt, daß der Wind das Ch'i zerstreue, während das Wasser es konzentriere. Im Laufe der Jahrhunderte wurde das Wasser daher zu einem Symbol für Wohlstand und Chancenreichtum. Heute ist man der Auffassung, daß nicht nur Wasserläufe, sondern auch Straßen mit ihrem Verkehrsstrom das Ch'i leiten und den Fluß des Reichtums symbolisieren. Ein attraktives Baugelände verfügt über Wasser in Form eines Teichs oder eines sanften Baches. Wie ein zu rasch fließender Strom wertvollen Boden wegschwemmt, so werden auch Glück, Geld und Wohlstand mit fortgerissen.

Ein Teich in der Form einer dem Haus zugewandten Mondsichel soll angeblich gute Aufstiegschancen verheißen.

Eine Straße kann eine ähnlich absorbierende Wirkung haben, wenn sie zu nahe am Haus vorbeiführt. Besondere Sorgfalt ist auf Fußwege oder Auffahrten zu verwenden, die das Haus mit der Straße verbinden. Der Pfad sollte breiter sein als der Haupteingang des Hauses *(rechts)*, damit Ch'i in ausreichender Menge hindurchfließen kann. Da, wo zuviel Ch'i von der Straße hereinströmt, werden kreisförmige oder gewundene Auffahrten und Wege empfohlen, um die Distanz zwischen Haus und Durchgangsstraße wirksam zu vergrößern *(Mitte rechts)*. Man kann das

Haus ebenso erfolgreich vom Einfluß der Straße abschirmen, wenn man es auf dem mittleren Drittel des Grundstücks errichtet *(unten rechts)*.

Gerade Linien, die auf ein Gebäude gerichtet sind, erzeugen angeblich *sha*, „schlechte Energie". Ein Gebäude sollte beispielsweise nicht im rechten Winkel zu einem geraden Gewässerlauf oder einer Autobahnstrecke liegen. Ebensowenig sollten die Sparren der Nachbardächer in seine Richtung zeigen. Diese ungünstigen Merkmale sind „geheime Pfeile" und richten Sha auf das Haus und seine Bewohner.

Man hält es für ausgesprochen ratsam, die gesamte Umgebung eines Hauses im Hinblick auf die möglichen Auswirkungen für die Bewohner in Augenschein zu nehmen. Je nach ihrer Gestalt können selbst entfernte Berge das menschliche Schicksal beeinflussen. Ein Hügel in Form eines Hundes wirkt als Wächter, der das Haus behütet. Aber eine Felsnase in Form einer Ratte kann unter Umständen alle vorhandenen Ressourcen verschlingen und den Wohlstand verhindern.

Auch der Schnitt des Grundstücks enthält Omina. Man bevorzugt quadratische oder rechteckige Grundstücke, weil diese Formen das Element Erde symbolisieren und auf diese Weise Stabilität garantieren. Die Vorderseite des Grundstücks assoziiert man mit der Gegenwart, während die Rückseite die Zukunft darstellt. Ein Stück Land, das vorn breiter als hinten ist, bedeutet Glück für die

Ein Weg, der sich mit zunehmender Entfernung vom Haus verbreitert, deutet auf eine vielversprechende Karriere hin.

augenblicklichen Besitzer, aber schwindenden Wohlstand für deren Nachkommen.

In der Praxis kommen selbstverständlich perfekt geschnittene Bauplätze und Grundstücke am Hang äußerst selten vor. In der Stadt geben noch nicht einmal die Hälfte aller Grundstücke den Blick zur günstigen

Eine kreisförmige Auffahrt soll den Hausbewohnern angeblich den reichen Fluß des Ch'i und blühende Chancen bescheren.

Südseite hin frei. Es ist deshalb die Aufgabe des Feng-Shui-Beraters, solche Probleme zu erkennen und Abhilfe zu schaffen.

Das Verfahren besteht in der Regel darin, jedes Grundstück als in sich geschlossenes, kleines Universum zu betrachten. Die Vorderfront von Grundstück und Haus wird so behandelt, als ginge sie nach Süden, ganz unabhängig von ihrer wirklichen Lage. Bei Grundstücken, denen die ideale Einbettung in die vier Berge fehlt, schlägt der Feng-Shui-Meister Möglichkeiten vor, um das Fehlen der heiligen Tiere zu kompensieren. Ein maßgeblicher Text schreibt folgenden Ersatz vor: „Es sind alle Wohnhäuser rechtens, die zur Linken fließendes Wasser haben, das den Grünen Drachen darstellt; zur Rechten einen langen Weg, der den Weißen Tiger symbolisiert; vorne einen Teich für den Roten Vogel und hinten einen Hügel, das Emblem der Schwarzen Schildkröte." Bei solchen Alternativen kann man beinahe jedem Haus ein günstiges Feng Shui geben.

Diese Art Ausweg birgt den zusätzlichen Vorteil, daß das Grundstück auf drei Seiten abgeschlossen ist, während die Vorderfront offen bleibt. Dadurch wird gewährleistet, daß die Ch'i-Lebensenergie zum Haus fließen kann, wo sie dann aufgefangen wird, um zu zirkulieren und den Bewohnern Gutes zu tun, statt einfach ohne besondere Wirkung auseinanderzulaufen. Feng-Shui-Experten sagen auch, daß große Steine, mächtige Bäume, Wälle oder Mauern vor einem Haus den Fluß des Ch'i behindern und deshalb Unheil bringen können. Unter bestimmten Umständen haben solche Hindernisse jedoch auch Vorteile. Wenn zum Beispiel ein Haus nicht in dem optimalen mittleren Drittel eines Grundstücks gebaut werden kann, sondern nach vorn versetzt werden muß, dann sorgt ein Baum, ein Laternenpfahl oder ein großer Stein auf dem hinteren Teil des Grundstücks für Balance.

Alle empfohlenen Feng-Shui-Maßnahmen dienen letztlich nur dem Ziel, in der einen oder anderen Weise den Fluß des Ch'i auszugleichen, zu stimulieren oder wiederherzustellen. Zu den Dingen, die traditionell vor der Tür angebracht werden, gehören Lampen und Spiegel, die für Licht sorgen oder es reflektieren; Windspiele, die das Ch'i durch Klangenergie wecken, und Objekte in Bewegung wie Springbrunnen, Windmühlen und Mobiles. Umsichtig plazierte Bäume, Steine, Wege, Mauern und Schuppen können ebenfalls eine nützliche Wirkung haben, um zum Beispiel das Sha eines heimtückischen Pfeils abzuwenden oder einen zu schnellen Ch'i-Fluß zu verlangsamen.

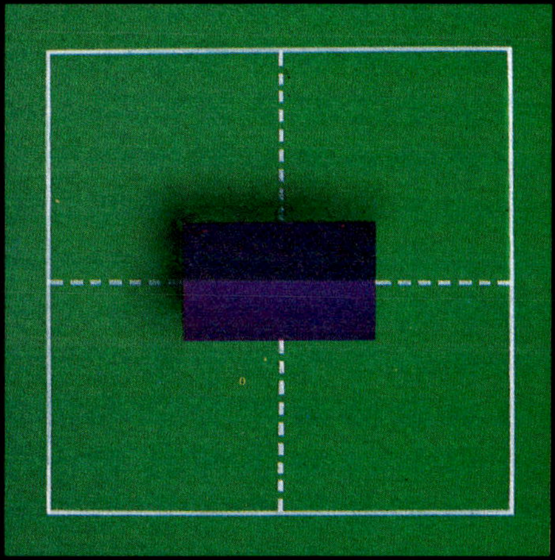

Wenn ein Haus in der Mitte des Grundstücks steht, wird das Leben der Bewohner angenehm ausgeglichen sein.

Die Lösung von Problemen innerhalb des Hauses

Die Aufgabe des Feng-Shui-Experten im Haus ist es – wie auf dem Grundstück –, dafür Sorge zu tragen, daß das Ch'i in einer freien, gleichwohl ausgewogenen Weise zirkulieren kann. Die Bilder auf diesen Seiten zeigen zunächst drei innenarchitektonische Merkmale, die dieses Ziel unterstützen, und anschließend drei Beispiele, die alles andere

Ist die Form eines Hauses so ausgewogen wie hier, werden auch seine Bewohner ein ausgeglichenes Leben führen.

als ideal sind *(gegenüber)*, aber nach den Vorschriften von Feng-Shui-Experten korrigiert wurden. Die Mittel, die in Innenräumen eingesetzt werden, verfolgen den gleichen Zweck wie diejenigen für außen: Sie bringen den Fluß des Ch'i ins Gleichgewicht, fördern oder verlangsamen ihn.

Um den Fluß des Ch'i zu fördern, sollte die Gesamtanlage des Hauses regelmäßig und rechteckig sein. Quadratische Formen werden als besonders günstig angesehen, weil viereckige Figuren mit den vier Himmelsquadranten harmonieren und rechte Winkel nach Ansicht der Chinesen eine gute Zirkulation des Ch'i gewährleisten. Darüber hinaus glaubt man, daß eine ausgeglichene Architektur in einem Haus *(oben)* die Ausgeglichenheit im Leben seiner Bewohner fördere.

Feng-Shui-Experten vergleichen das Haus auch mit einem Körper, wobei die Türen Mündern entsprechen und Fenster die Augen bilden. Die Innenflure gelten als Venen und Arterien, die das Ch'i in die Räume leiten, während bauliche Merkmale wie Innentüren, Ecken und Balken die Zirkulation potentiell fördern oder behindern können. Nach dieser Auffassung werden die aus der Feng-Shui-Perspektive sichtbaren Strukturen und Probleme eines Hauses als Vorbedeutung für entsprechende körperliche Krankheiten der Bewohner angesehen. So kann ein zerbrochenes Fenster Augenprobleme ankündigen.

Nach dem Prinzip, daß Gleiches Gleiches imitiert, untersucht der Feng-Shui-Experte Plan und Anlage eines Hauses daraufhin, wie sie das Leben und die Interessen der Bewohner beeinflussen werden. Die vornehmlich bewohnten und benutzten Räume, besonders diejenigen in unmittelbarer Nähe des Haupteingangs, werden die Gedanken und Aktivitäten der Menschen im Haus beherrschen. Wenn beispielsweise in der Nähe der Eingangstür ein Spielzimmer liegt, wird es die Bewohner ermuntern, Zeit und Geld zu vergeuden für Vergnügungen. Andererseits kann eine Küche zu exzessiver Schlemmerei verleiten oder zu einer anderen Form von Gier verführen. In einem Haus mit großem, zentral gelegenem Bad leiden die Bewohner möglicherweise an Blasenkrankheiten oder verbringen gar unverhältnismäßig viel Zeit mit Körperpflege. Ein Arbeitszimmer an zu dominanter Stelle fördert einsame Gelehrsamkeit. Eine freundliche Diele oder ein gemütliches Wohnzimmer *(rechts)* hingegen zieht sowohl Bewohner wie auch Besucher an und verspricht gesellige Entspannung.

Aus der Feng-Shui-Perspektive ist eine Eingangstür

Türen sollten grundsätzlich nach innen aufgehen, um dem Ch'i den Zugang zu erleichtern. Türen, die einander direkt folgen, sollten auf einer Linie liegen und sich zur gleichen Seite öffnen.

die nicht in einen Raum führt, sondern sich direkt zu einer Wand hin öffnet, äußerst ungünstig, weil sie die Eintretenden in eine Sackgasse schickt. Ein solcher Eingang hemmt das Ch'i und wird den Bewohnern ein Leben des Kämpfens und Scheiterns bringen. Solchen baulichen Mängeln ist in der Regel

Der Raum direkt hinter der Eingangstür vermittelt den ersten Eindruck von einer Wohnung. Er bietet sich als Wohnzimmer an, das Bewohner wie Besucher zum Entspannen einlädt.

dadurch abzuhelfen, daß man einen Spiegel an die störende Wand hängt, so daß das Ch'i nach innen umgeleitet wird.

Die Küche verdient einen besonderen Platz, vorzugsweise auf der Südseite des Hauses. Das zentrale Element der Küche ist das Feuer, und das dort zubereitete Essen repräsentiert den Wohlstand eines Haushalts auf spezielle Weise. Wenn der Raum klein oder eng ist, kann man einen Spiegel über den Herd hängen, um den Reichtum der Familie symbolisch zu vermehren, indem man die Anzahl der Feuerstellen fiktiv verdoppelt. Um den bestehenden Wohlstand zu sichern, sollte der Küchenherd niemals dem Bad zu nahe sein, damit das abfließende Wasser nicht den Wohlstand mit wegspült.

Für jeden Raum des Hauses gibt es einen optimalen Verwendungszweck, den es herauszufinden gilt. Der Feng-Shui-Experte stellt diesen fest, indem er Beschaffenheit und

Am besten steht das Bett gegenüber der Tür. Läßt sich das nicht einrichten, kann man das Ch'i mit einem Spiegel umleiten.

Lage des Raums prüft und seine Implikationen hinsichtlich eines magischen Achtecks, der *ba-gua (oben rechts)*, untersucht.

Das Feng Shui erkennt acht primäre Himmelsrichtungen an: neben den Hauptrichtungen Norden, Süden, Osten und Westen auch die vier „Eckpunkte" – Nordosten, Südosten, Südwesten und Nordwesten. Jede Richtung entspricht einer Seite der Ba-Gua und besitzt jeweils bestimmte Eigenschaften, die den acht fundamentalen Bedürfnissen des Lebens entsprechen: Gesundheit, Wohlstand, Ansehen, Heirat, Kinder, hilfreiche Bekanntschaften, Karriere und Wissen. Wenn die Ba-Gua an ein Haus oder einen Raum angelegt wird, erhält eines dieser Bedürfnisse bei der Betrachtung der verschiedenen Teile des Raums oder des Hauses Priorität.

Damit ein Deckenbalken nicht die Energie dämpft, sind zwei Bambusflöten an roten Bändern so aufgehängt, daß sie die Seiten des glückbringenden Ba-Gua-Achtecks bilden.

Der Raum, der sich laut Ba-Gua für Wissen eignet, sollte zu Studienzwecken dienen, während ein Raum auf der Kinderseite des Achtecks sich gut als Spielzimmer eignen würde. Wenn ein Feng-Shui-Defekt vorliegt, kann ein Experte mit Hilfe der Ba-Gua feststellen, mit welcher Sorte von Problemen der Bewohner vermutlich zu rechnen hat. Umgekehrt kann jemand, der einen bestimmten Lebensbereich mit Hilfe des Feng Shui verbessern möchte, die Räume nach den Anweisungen der Ba-Gua jeweils einer neuen Bestimmung zuführen. Auch andere Lösungen sind möglich und denkbar: Im Wohnbereich der Familie aufgehängte Windspiele etwa können Streitigkeiten zwischen Verwandten entschärfen oder beilegen. Ein Aquarium oder ein Ba-Gua-Talisman, an der Wohlstandsposition aufgestellt, bessert die Familienfinanzen auf.

Ein Mauervorsprung gilt stets als ungünstig, weil er angeblich Sha erzeugt. Ganz gleich, ob es sich bei der Anstoß erregenden Ecke um den Teil eines Pfeilers oder den Knick in einem L-förmigen Raum handelt, der bedrohliche Winkel sollte mit Spiegeln, Kletterwein, Kristallkugeln oder Windspielen neutralisiert werden. Deckenbalken wird ebenfalls nachgesagt, daß sie den Fluß des Ch'i behindern und einen belastenden Faktor im Leben der Bewohner darstellen. Die Feng-Shui-Experten raten, solch einen Balken mit Bambusflöten *(oben)* oder roten Fransenbändern zu neutralisieren. Ein Balken über dem Bett kann Kopfschmerzen hervorrufen, wenn er sich direkt über dem Kopf des Schlafenden befindet. Über den Füßen beeinträchtigt er möglicherweise zukünftige Reisen. In diesen Fällen sollte das Bett fortgerückt oder wenigstens so gedreht werden, daß es längs und nicht quer zum Balken steht.

Damit das Ch'i bei einer Flucht von Türen nicht zu rasch fließt, wird eine Kristallkugel aufgehängt, die den Fluß unterbricht.

KAPITEL 4

Eine neue Sicht der Welt

In seinem bahnbrechenden Buch *Unsere Erde wird überleben: Gaia – Eine optimistische Ökologie* entwirft der britische Biochemiker und Erfinder James Lovelock folgendes Szenario: Ein engagierter Wissenschaftler, dem die Not der hungernden Kinder zu Herzen geht, beschließt, einen Weg zu finden, um die Nahrungsmittelproduktion auf der Erde zu erhöhen. Durch genetische Manipulation gelingt ihm die Herstellung einer Bakterienart, die selbst dem kargsten Boden noch ausreichend Phosphat, einen wichtigen Nährstoff für das Pflanzenwachstum, zu entziehen vermag. Danach pflanzt er der Bakterie Verträglichkeit mit den Lebensbedingungen diverser Getreidesorten, vor allem Reis, ein, dem Grundnahrungsmittel armer Länder.

Der Wissenschaftler testet die Bakterie zunächst an Weizen und anderem Getreide in England. Die Resultate sind ausgesprochen beeindruckend, denn die Erträge sämtlicher Getreidearten erhöhen sich um ein Vielfaches. Um die Bakterie an Reis zu erproben, fährt der Wissenschaftler nach Australien, ohne etwas von der Katastrophe zu ahnen, die sie dort auslösen wird.

Statt sich bei Reis ebenso vorteilhaft auszuwirken wie bei den bisherigen Tests mit europäischem Getreide, geht die Bakterie eine Verbindung ein mit einer blaugrünen, äußerst widerstandsfähigen tropischen Alge, die an der Wasseroberfläche des Reisfeldes wächst. Zusammen bilden beide einen neuen Organismus, eine Art Superalge, die sich alle 20 Minuten verdoppelt. Bald ist der gesamte Reis von der Alge überwuchert.

Trotz aller Anstrengungen des tapferen Wissenschaftlers und seiner australischen Kollegen, das Wachstum der neuen Alge unter Kontrolle zu bekommen, breitet diese sich weiter aus, vom Reisfeld zu einem Fluß und dann zum Meer. Innerhalb von sechs Monaten sind mehr als die Hälfte der Weltmeere und der größte Teil der Landmasse mit blaugrünem Schleim bedeckt. Wie ein Krebs verdrängt die Alge nach und nach alles Leben. Als Pflanzen und Tiere sterben und verwesen, wird Schwefel frei, der an der Luft zu Schwefelsäure oxidiert und als ätzender Regen auf die Erde fällt, was noch mehr Tod und Verfall zur Folge hat. Schließlich ist die Erde ebenso unfruchtbar wie der Mars oder die Venus. Als die Alge endlich keine Nahrung mehr findet, stirbt auch sie.

Lovelocks Weltuntergangs-Szenario ist selbstverständlich eine Fiktion, und es besteht kaum Gefahr, daß es je Wirklichkeit wird. Lovelock verweist darauf, daß zahlreiche Wissenschaftler der Auffassung sind, die Natur habe so viele Sperren in den Prozeß der genetischen Kodierung eingebaut, daß ein neugeschaffener Organismus sich keineswegs rücksichtslos über die Erde verbreiten und alles, was ihm im Weg stehe, zerstören könne. Auch glaubt er, daß natürliche Regulationsprozesse in der Umwelt wirksam seien, die vor einer solchen Katastrophe schützen würden. Doch enthält das Szenario eine wichtige Lektion: Sämtliche Arten auf der Welt sind miteinander verbunden; wenn eine Art manipuliert oder zerstört wird, sind potentiell alle bedroht. „Wir können das Verschwinden der großen Wale, des blauen Falters, ja selbst des Pockenvirus nicht mehr länger nur mit Bedauern zur Kenntnis nehmen", sagt Lovelock. „Wenn wir eine dieser Arten von der Erde eliminieren, haben wir vielleicht einen Teil von uns selbst zerstört."

Heute erkennen immer mehr Menschen, wie sehr alles Leben auf der Erde zusammenhängt. Sie beginnen sich so zu sehen, wie einst schon ihre Vorfahren sich sahen: als kleinen Teil eines größeren lebendigen Ganzen. Ihr Ziel ist es daher nicht, die Erde zu erobern, zu beherrschen oder gar auszubeuten, sondern mit der Natur und ihren verborgenen Kräften in Einklang und Harmonie zu leben. Die sorgsame Pflege des Bodens, ob mit Hilfe von besonderen organischen Anbaumethoden, der Kommunikation mit unsichtbaren „Pflanzengeistern" oder durch Behandlung mit Akupunktur, wird als besonders wichtig erachtet, denn aus dem Boden beziehen alle Lebewesen ihre Nahrung und Energie.

Neue wissenschaftliche Hypothesen haben zu dieser holistischen und gelegentlich mystischen Anschauung von der Erde beigetragen. Eine der wichtigsten Theorien stammt aus der Feder von James Lovelock. Ihre Ursprünge gehen zurück auf die Anfänge der 60er Jahre, als Lovelock von den Forschungslaboratorien für Düsentriebwerke in der Nähe von Pasadena, Kalifornien, eingeladen wurde, bei einer NASA-Untersuchung mitzuarbeiten, die sich mit der Frage beschäftigte, ob es Leben gebe auf dem Mars. Damals hielten die Wissenschaftler die Chance, Leben auf dem roten Planeten vorzufinden, für ziemlich groß, obwohl niemand zu sagen wußte, wie dieses Leben aussehen könnte.

Lovelock war entschieden der Meinung, daß die beste Methode, auf dem Mars oder irgendeinem anderen Planeten die Existenz von Leben nachzuweisen, darin bestehe, jeweils die Atmosphäre zu studieren. Lebende Organismen mußten der Atmosphäre bestimmte Grundstoffe entziehen und die Abfallprodukte ihres Stoffwechsels wieder in sie abgeben, was bedeutete, daß bei der chemischen Zusammensetzung der Atmosphäre des Planeten mit einem ständigen Ungleichgewicht zu rechnen sei.

Lovelock und seine Kollegen untersuchten Daten von Beobachtungen, die mit einem hocheffizienten Infrarot-Teleskop durchgeführt worden waren, um Anzeichen für chemische Schwankungen in der Lufthülle des Mars zu entdecken. Sie fanden genau das Gegenteil: eine sehr träge und stabile Atmosphäre, in der Kohlendioxid vorherrschte. Diese Resultate gaben Anlaß zu der Vermutung, daß auf dem Mars kein Leben existierte – eine Schlußfolgerung, die sich durch die spätere Erforschung des Weltraums bestätigte.

Die Spekulation über mögliches Leben auf dem Mars veranlaßte Lovelock dazu, tiefer über das Leben auf der Erde nachzudenken. Nach seiner Rückkehr nach Wiltshire in England, wo er zu Hause war, ließen ihn zwei Fragen nicht mehr los: Wie konnte die Erdatmosphäre, die aus hochreaktiven Gasen besteht, trotz allem so konstant bleiben? Und warum

war eine derart unstabile Atmosphäre so ideal für die Existenz von Leben? „Damals", schrieb Lovelock später, „begann ich mich zu fragen, ob es möglich sein könnte, daß die Luft nicht nur die Umwelt oder Hülle für das Leben bildet, sondern selbst ein Teil des Lebens ist."

Aus diesen ersten Ansätzen einer Idee entwickelte Lovelock eine neue, zudem spannende wissenschaftliche Theorie, die nicht nur die Einstellung der Wissenschaftler zu unserem Planeten zu verändern begann, sondern auch ihre Beurteilung unserer Beziehung zu ihm. Lovelock zufolge ist die Erde ein großer lebendiger Organismus, der sich selbst reguliert und auch selbst erhält. Alles Leben auf der Erde, von den Bakterien bis hin zu den Blauwalen, von den Algen bis zu den uralten Redwood-Bäumen, wirkt zusammen, um deren physikalische Umwelt – Luft, Land und Ozeane – in einem angenehmen, lebenstauglichen Zustand zu erhalten, ebenso wie Organe und Gewebe des menschlichen Körpers zusammenarbeiten, damit dieser am Leben bleibt. Darüber hinaus ist die Evolution der biologischen Arten auf der Erde so eng mit der Evolution ihrer jeweiligen physikalischen und chemischen Umwelt verwoben, daß beide gemeinsam einen einzigen Entwicklungsprozeß bilden und einander bedingen. Mit anderen Worten: Das Leben selbst ist verantwortlich für die Entwicklung des schönen, reichen Planeten Erde und stellt nicht dessen Produkt dar.

Auf Vorschlag seines Freundes und Nachbarn, des Romanschriftstellers William Golding, taufte Lovelock den riesigen Erdorganismus „Gaia" – nach der Erdgöttin der alten Griechen. Dann zog er sich in sein ländliches Heim zurück und begann, seine Theorie zu Papier zu bringen. Im Jahre 1979 veröffentlichte er sein erstes Buch zu dem Thema, das eingangs erwähnte *Gaia: A New Look at Life on Earth* (deutsch 1984). Es löste sofort Aufsehen in wissenschaftlichen Kreisen aus.

Die Gaia-Hypothese läuft gängiger wissenschaftlicher Meinung völlig konträr, derzufolge die Erdkugel aus totem Gestein besteht, auf der das Leben eine Zufallserscheinung darstellt. In der Vergangenheit haben Wissenschaftler die Tatsache, daß in der Atmosphäre der Erde Leben gedeiht, der Position des Planeten im Sonnensystem zugeschrieben: Würde die Erde die Sonne in geringerer oder größerer Entfernung umkreisen, hätte sich kein Leben entwickelt.

Folgt man allerdings dem Gaia-Konzept, dann hat sich das Leben nicht nur der Erde angepaßt, sondern seinerseits ebenfalls den Planeten nach den eigenen Bedürfnissen umgestaltet. Ein gutes Beispiel dafür ist die Oberflächentemperatur der Erde. Ebenso wie der menschliche Körper seine Temperatur reguliert und sie konstant auf etwa 36,8 Grad Celsius hält, so reguliert auch Gaia ihre durchschnittliche Oberflächentemperatur auf etwa 13 Grad. Diese Temperatur war während der letzten rund 3800 Millionen Jahre konstant – jenes Zeitraums, seit es Leben auf der Erde gibt –, obwohl die Sonne in dieser Zeit um 25 Prozent heller und heißer geworden ist. Was hat die Erde vor Überhitzung bewahrt? Das Leben, sagt Lovelock. Als die Sonneneinstrahlung stärker wurde, haben die Lebewesen auf der Erde der Atmosphäre immer mehr Kohlendioxid entzogen und damit den Treibhauseffekt dieses Gases, das Aufheizung bewirkt, gebremst. Um also die Temperatur konstant – und sich selbst am Leben – zu erhalten, hat Gaia ein Kühlsystem entwickelt und damit die zunehmende Wärme ausgeglichen.

Lovelock führt noch andere Beweise für die Fähigkeit des Lebens an, für einen stabilen, homöostatischen Zustand der physischen Umwelt zu sorgen. So erweist sich, zum Beispiel, der Salzgehalt des Meerwassers mit etwa 3,4 Prozent seit Jahrtausenden als relativ gleichbleibend trotz des Umstands, daß die Salzkonzentration durch den Regen und das Wasser der ins Meer strömenden Flüsse eigentlich beständig abnehmen müßte. Auch die Sauerstoffkonzentration der Atmosphäre hat sich konsolidiert und auf stabile 21 Prozent eingependelt. Würde sie sich auch nur um weniges erhöhen – und beispielsweise statt 21 etwa 25 Prozent betragen –, gingen sowohl die Vegetation wie auch alle Lebewesen auf der Erde spontan in Flammen auf.

Solche homöostatischen Verhaltensweisen sind kein Zufall, argumentiert Lovelock. Es ist Gaias Wirken, die ihren planetarischen „Körper" reguliert und die chemischen und biologischen Prozesse so gestaltet, daß sie am Leben bleibt und sich gesund erhält. Mehrere Milliarden Jahre ist ihr dies gelungen – ein Zeitraum, bei dem nicht mehr von einem reinen Glücksfall die Rede sein kann. „Daß dies auf Zufall beruht", sagt Lovelock, „ist ebenso unwahrscheinlich wie im Stoßverkehr unverletzt eine Autofahrt mit verbundenen Augen zu überstehen." Ohne das Leben, betont Lovelock, wäre die Erde ein völlig anderer Planet. Ihre Oberflächen-

Der britische Biochemiker und Querdenker James Lovelock (unten) entspannt sich 1989 in einem Londoner Park. Lovelock, der vor allem durch seine These bekannt wurde, daß die Erde ein lebendiger Planet sei, erfand auch das Gerät, mit dem erstmals Fluorchlorkohlenwasserstoff (FCKW) in der Atmosphäre nachgewiesen wurde.

temperatur läge bei etwa 290 Grad Celsius und damit viel zu hoch für das uns vertraute Leben. Die Ozeane wären schon vor Ewigkeiten völlig ausgetrocknet. Die Erde mit ihrem blauen Himmel und ihren üppigen grünen Wäldern, wie wir sie kennen, wäre ein heißer, staubiger Planet mit einer dunstigen, bräunlich-roten Atmosphäre, ähnlich derjenigen ihres unbelebten Nachbarn, des Planeten Venus.

Die konzeptionelle Idee, daß eine augenscheinlich so dichte und leblose Masse wie unsere Erde lebendig sei, ist für viele schwer vorstellbar. Menschen früherer Epochen jedoch, welche die Erde als göttliches Wesen betrachteten, hätten damit überhaupt keine Schwierigkeiten gehabt. Um ihre Gaia-Hypothese in etwa verständlich zu machen, vergleichen Lovelock und andere Verfechter dieser Idee die Erde mit einem mächtigen Redwood-Baum: Obgleich ein Redwood von 1000 Tonnen Gewicht sehr lebendig ist, sind mehr als 97 Prozent seines riesigen Stammes nur totes Holz. Der lebende Teil – jener Teil, der Wasser führt und Minerale von den Wurzeln zu den Blättern befördert – besteht lediglich aus einer dünnen Gewebeschicht direkt unter der Rinde. Wenn die Zellen dieses Gewebes absterben, werden sie entweder zu einem Teil der äußeren Rinde oder zu einem Teil des Holzkerns.

„In dieser Hinsicht", sagt Lovelock, „ähnelt ein Baum sehr der Erde. Die Oberfläche der Erde wird lückenlos von einer dünnen Haut aus lebendigem Gewebe überzogen, von der die Bäume und wir Menschen einen Teil bilden. Das gesamte Gestein unter unseren Füßen und die Luft über uns sind natürlich leblos. Doch sind Luft wie auch Gestein gleichwohl Produkte des Lebens oder durch das Vorhandensein des Lebens sehr stark modifiziert worden."

Wenn man versucht, den Gaia-Gedanken zu erfassen, ist es sehr hilfreich, die menschliche Zeitdimension einstweilen zu verlassen und in die planetarische Zeit zu wechseln. Gaia bewegt sich in einem weitaus größeren Zeitrahmen als wir Menschen. „Der Mensch", so stellt Lovelock fest, „kann hunderttausend Jahre kaum noch von der Ewigkeit unterscheiden. Für Gaia, die 3,6 Milliarden Jahre alt ist, sind es, umgerechnet, nicht mehr als drei Monate."

Der Wechsel vom Tag zur Nacht und wieder zum Tag ist für Gaia lediglich ein kleiner Augenblick. Nur in der großen planetarischen Zeitdimension können wir erkennen, daß sich die Erde wie jedes andere lebendige System bewegt und ihr Aussehen verändert. Die Atmosphäre und die Meeresströme wirbeln um den Planeten. Die Landmassen teilen sich und schaffen auf diese Weise neue Küstenformationen oder kollidieren

Eine planetarische Klima-Selbstkontrolle

Um seine Gaia-Theorie zu veranschaulichen, wonach das Leben auf der Erde das Erdklima reguliere, bedient sich James Lovelock oft eines hypothetischen Planeten, der viel einfacher strukturiert ist als unsere Welt. Auf dem Phantasieplaneten Daisyworld („Gänseblümchenwelt") existiert nur eine Form von Leben – dunkle, graue oder weiße Gänseblümchen. Computersimulationen zeigen, wie diese eine Art ausreicht, um die Temperatur auf dem Planeten zu kontrollieren.

Die Gänseblümchen in Lovelocks Szenario brauchen ein gemäßigtes Klima. Die Keimung findet erst ab fünf Grad Celsius statt, und kein Gänseblümchen kann bei mehr als 40 Grad Celsius überleben. Die Blumen sind jedoch tödlich bedroht: Die Sonne von Daisyworld wird – wie auch die unsere – mit der Zeit immer heißer. Nach Computerberechnungen haben die Blumen indes die natürliche Tendenz, ihre Umwelt auf einem Niveau zu halten, das Leben ermöglicht. Solange die Sonne jung und kühl ist, überziehen dunkle, Wärme absorbierende Gänseblümchen den Planeten *(links)*. Sobald die Sonne heißer wird, begünstigen die klimatischen Gegebenheiten die weißen Gänseblümchen, die den Planeten abkühlen, indem sie überschüssige Hitze in den Weltraum ableiten *(rechts)*.

Lovelock hat noch andere Daisyworld-Szenarien entwickelt. In einigen tauchen Kaninchen auf, welche die Gänseblümchen fressen, und Kojoten, die sich wiederum von den Kaninchen ernähren. Doch wie auch immer, sagt Lovelock, das System korrigiere sich selbst und erhalte ein dem Leben auf Daisyworld zuträgliches Klima aufrecht.

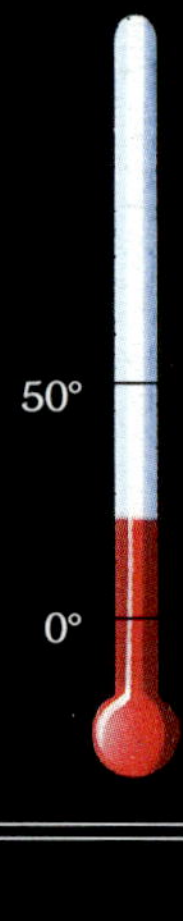

Solange die noch junge Sonne ein sanftes Licht und schwache Wärme auf James Lovelocks fiktiven Planeten Daisyworld (links) wirft, dominieren dunkle Gänseblümchen wegen ihrer einzigartigen Fähigkeit, Sonnenwärme zu absorbieren. Da die dunklen Blütenblätter die Sonnenenergie speichern, steigt die Temperatur auf Daisyworld (Thermometer links) auf eine Höhe an, die dem Leben sämtlicher Gänseblümchen auf dem Planeten zuträglich ist.

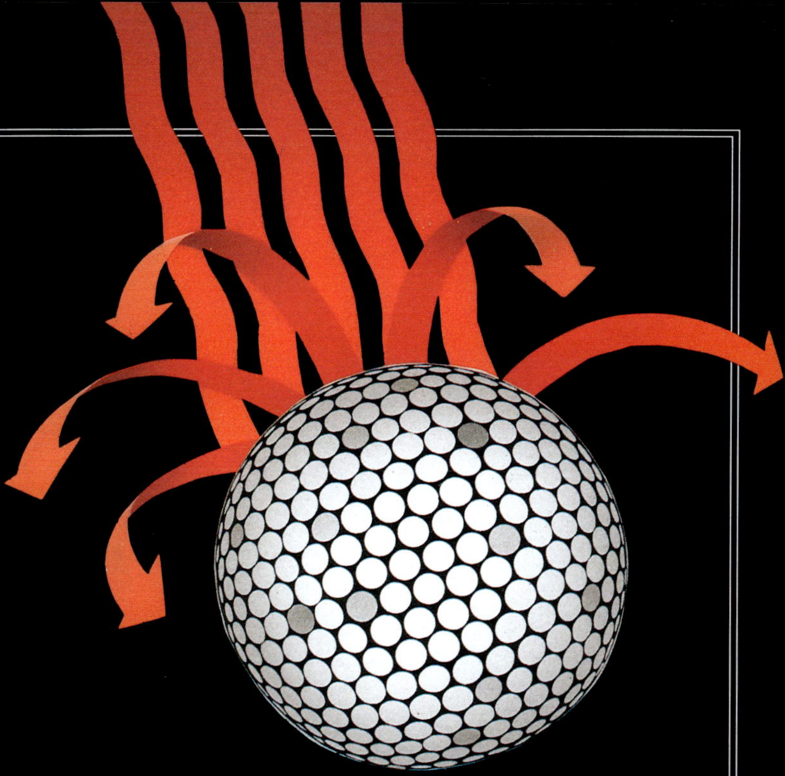

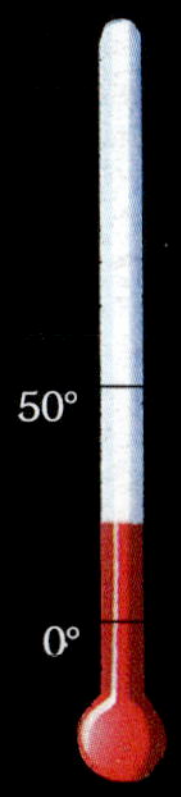

Viele Generationen später fallen wärmere Strahlen von der bereits reiferen Sonne auf Daisyworld (oben). Da die Fähigkeit, Wärme zu speichern, kein Vorteil mehr ist, werden dunkle Gänseblümchen seltener. Graue und sogar ein paar weiße Gänseblümchen breiten sich aus. Die helleren Blumen strahlen einen Teil der Sonnenhitze (Pfeile) wieder ab und tragen auf diese Weise dazu bei, die Temperatur von Daisyworld auf gleicher Höhe wie vorher zu halten.

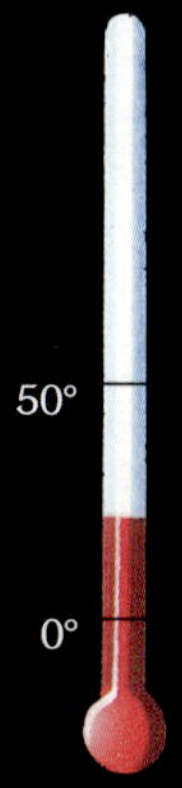

Als die alternde Sonne noch heißer wird, sind es weiße Gänseblümchen mit ihrer Fähigkeit, ein Maximum an Licht und Wärme abzustrahlen, die Daisyworld vollständig bedecken (oben). Derzeit erhalten die weißen Blumen das Gleichgewicht noch aufrecht. Eines Tages wird die Sonneneinstrahlung indes so intensiv sein, daß selbst Gänseblümchen von reinstem Weiß die Sonnenhitze nicht mehr abstrahlen. Dann wird Daisyworld zu totem Gestein werden.

und türmen dadurch hohe Bergketten auf. Die vereisten Polkappen hinterlassen bei abwechselnder Ausdehnung und Schrumpfung steinige Narben. Charakter und Verhalten der Erde sind ständiger Veränderung unterworfen.

Gaia hat sich als bemerkenswerte Überlebenskünstlerin erwiesen, und sie war in der Lage, sich von einigen extrem harten Schlägen zu erholen. Im Laufe ihres Lebens sind mindestens 30 große Meteoriten auf die Erde herabgestürzt und haben katastrophale Schäden angerichtet. Diese Riesenmeteoriten, die etwa doppelt so groß wie der Mount Everest sind und rund 60fache Schallgeschwindigkeit erreichen, treffen die Erde durchschnittlich etwa alle hundert Millionen Jahre. Lovelock vergleicht die bei einigen dieser Kollisionen angerichteten Verheerungen mit einer Verbrennung, bei der ein Mensch etwa 60 Prozent seiner Haut einbüßen würde. Nach Ansicht einiger Wissenschaftler hat ein solcher Meteorit vor 65 Millionen Jahren mehr als 60 Prozent der Pflanzen und der damals lebenden Tiere, darunter auch die Dinosaurier, vernichtet.

Doch Gaia hat überlebt und ist sogar aufgeblüht. Ihre physischen Wunden sind verheilt, und neue Arten haben die alten ersetzt. Lovelock glaubt, daß die Fähigkeit zu überleben ein weiterer Beweis für das starke homöostatische System auf der Erde ist – ein System, dem es stets gelingt, sein lebensförderndes Gleichgewicht wiederherzustellen, selbst wenn es schwer erschüttert oder beschädigt ist. Aus diesem Grunde ist Lovelock der Überzeugung, daß die Menschen Gaia nicht umbringen können, selbst wenn sie sie nachhaltig schädigen, indem sie giftige Abfälle in Luft und Wasser pumpen und ihre Wälder sowie andere natürliche Ressourcen zerstören. Gaia werde sich wie immer anpassen und überleben, argumentiert er, wie sie schon die zunehmende Erwärmung der Sonne und auch das zerstörerische Bombardement der Meteoriten aus dem Weltraum, die sie wie riesige Kanonenkugeln trafen, überstanden habe.

Natürlich sind nicht alle Umweltschützer dieser Meinung. Einige sehen in der Menschheit eine Art planetarischen Krebs, der sich rapide und unkontrollierbar auf der Erde ausbreitet. Astronaut Edgar Mitchell von der *Apollo-14*-Besatzung hatte eine solche Vision, als er im Jahre 1971 auf dem Mond stand. Beim Anblick der im All schwebenden Erde war Mitchell von der Kraft und Schönheit des Planeten und seinem Gefühl der Verbundenheit mit der Erde überwältigt, gedachte aber auch ihrer Verletzlichkeit. „Unter der blauweißen Atmosphäre wuchs ein Chaos heran, das die Bewohner des Planeten Erde selbst hervorriefen", schrieb er später. „Die [menschliche] Bevölkerung und die Technologie gerieten in zunehmendem Maße außer Kontrolle."

Obwohl Lovelock davon überzeugt ist, daß Gaia mit großer Wahrscheinlichkeit jede von Menschen verursachte Krankheit überleben wird, gibt er zu, daß die Gesundung mit der Auslöschung der Menschheit einhergehen kann. „Schon die alten Griechen und andere frühe Zivilisationen erkannten, daß unser eigenes Wohlergehen in erster Linie davon abhängt, wie wir die Erde behandeln", warnt Lovelock. „Gaia wird die Menschheit mit ihrer Fülle belohnen, wenn wir pfleglich mit ihr umgehen, aber sie wird sich auch für Mißbrauch rächen." Diese Worte eines nachdenklichen modernen Wissenschaftlers erinnern an die Mahnungen eines Priesters im Altertum, der die Gläubigen aufforderte, der Erdgöttin den gebührenden Tribut zu zollen, damit sie sich nicht für deren Respektlosigkeit räche.

Es gibt in unserem Jahrhundert eine ganze Reihe von Stimmen mit Botschaften, die denen Lovelocks gleichen. Andere Denker haben über die Möglichkeit spekuliert, daß dieser Planet über Kräfte verfüge, die wir zwar noch nicht verstehen, die aber für die Zukunft der Menschheit von größter Wichtigkeit sein könnten. Wieder andere, die eher aus einer Art blindem Glauben und weniger aus Überlegung heraus handeln, haben von sich aus praktische Schritte unternommen, um der Erde die einem göttlichen Wesen gebührende Achtung zu erweisen – und wurden offensichtlich mit großzügigen Gaben belohnt.

Etwa um die gleiche Zeit, als Lovelock seine unorthodoxe Gaia-Theorie entwickelte, formulierte auch ein anderer unkonventioneller englischer Wissenschaftler, der Biochemiker Rupert Sheldrake, eine noch umstrittenere These über die Erde und ihre verborgenen Kräfte. Nach Sheldrakes ebenso provozierender wie skurriler Hypothese basieren Form und Eigenschaft aller Dinge auf Erden – von der Gestalt eines bestimmten Kristalls bis hin zu den Fähigkeiten der Zugvögel – auf geheimnisvollen Kräften, die er „Morphische Felder" (von griechisch *morphe* für „Form") nennt.

Jedweder Typus eines organischen Systems, seien es nun Buchen, Grippeviren oder Menschen, hat gemäß dieser

Das seltsame Phänomen des 100. Affen

Im Jahre 1953 hob eines schönen Tages ein Makak-Affenweibchen namens Imo auf der japanischen Insel Koshima eine sandige Süßkartoffel auf, die ihr Forscher zu Studienzwecken hingelegt hatten. Sie wusch sie sorgfältig in einem nahe gelegenen Bach. Dann aß sie die Kartoffel.

In den folgenden Jahren führte dieses einfache Mahl zu einer umstrittenen Theorie, die zuerst von dem Zoologen Lyall Watson im Jahre 1979 aufgestellt wurde. Nach Aussagen Watsons war der Umstand, daß Imo ihre Kartoffel gewaschen hatte, bei den Makak-Affen noch niemals vorgekommen, und diese Praxis verbreitete sich bei den Mitgliedern des Affenstammes zunächst auch nur ganz langsam. Doch 1958, so Watson, sei etwas Außergewöhnliches geschehen. Ganz plötzlich habe fast jeder Affe auf Koshima seine Kartoffeln gewaschen. „Aber nicht nur das", schrieb Watson, „diese Angewohnheit schien auch natürliche Barrieren übersprungen zu haben und in Affenkolonien auf anderen Inseln und dem Festland aufgetaucht zu sein."

Watson, der zugab, daß die Fakten eher spärlich waren, ergänzte seinen Bericht durch Vermutungen. „Nehmen wir einmal an", schrieb er, „daß die Zahl von kartoffelwaschenden Affen bei 99 lag und daß an einem Dienstag um 11 Uhr ein weiterer Affe diese Praxis übernahm ... Der 100. Affe überschritt offensichtlich eine Art Schwelle, so etwas wie einen kritischen Punkt." Als die Anzahl der kartoffelwaschenden Affen den kritischen Punkt erreicht hatte, so Watsons Ausführungen, habe sich die Kenntnis der neuen Fertigkeit wie durch Telepathie auch bei anderen Affen ausgebreitet. Für manche Beobachter schien das Phänomen des 100. Affen die Idee von Rupert Sheldrake zu bestätigen, daß Angehörige einer Spezies mit Hilfe sogenannter „morphischer Felder" – geheimnisvoller Energien, die laut Sheldrake die Erde durchziehen – voneinander lernen können.

Trotz der faszinierenden Implikationen, die das Phänomen vom 100. Affen mit sich bringen würde, haben dennoch viele der Ereignisse, auf die Watson seine Theorie stützte, niemals stattgefunden. Im Jahre 1985 zeigte Ronald Amundson, Philosophieprofessor an der Universität von Hawaii, daß Watson die ursprünglichen japanischen Studien über die Makak-Affen auf Koshima nicht richtig gedeutet hatte. Amundson fand heraus, daß die Berichte tatsächlich bestätigten, daß Imo das Kartoffelwaschen erfunden und anderen Affen diesen Kunstgriff beigebracht hatte. Aber die japanischen Artikel zeigten, daß im Jahre 1958 nur zwei Affen die neue Fertigkeit erlernt hatten, was Watsons erstaunlicher Geschichte von einer sprunghaften Verbreitung den Boden entzog. Die Berichte gaben ferner an, daß die Affen gelegentlich zwischen den Inseln hin- und herschwammen, womit ein Übertragungsweg für die Angewohnheit des Kartoffelwaschens gefunden worden war.

Watson betonte später Reportern gegenüber, daß er Amundsons Ergebnisse nicht in Frage stelle. Die Hypothese vom 100. Affen, erklärte er, sei rein rhetorisch zu verstehen gewesen. „Es ist eine Metapher, die von mir selbst stammt und auf dünnen Beweisen und viel Hörensagen beruht ...", gab er zu. „Ich habe auch niemals etwas anderes behauptet."

Ohne zu ahnen, daß er Gegenstand einer hochwissenschaftlichen Untersuchung ist, wäscht ein rotgesichtiger japanischer Makak eine Süßkartoffel in einem Bach. Diese reinlichen Affen wurden auch dabei beobachtet, wie sie Weizen von Sand säubern, indem sie eine Handvoll Körner ins Wasser warfen und wieder einsammelten, nachdem der Sand gesunken war.

Theorie sein eigenes besonderes Feld. Durch einen Prozeß der „morphischen Resonanz" können sich die einzelnen Mitglieder eines Systems in das Verhalten und die Erfahrungen anderer Mitglieder des Systems einschalten, so wie man mit Hilfe von Radio oder Fernsehen Sendungen aus der Ferne auffangen kann. Jedes Mitglied mag dann die Informationen, die im morphischen Feld seines Systems vorliegen, wie eine Datenbank benutzen, um sein eigenes Verhalten zu ändern.

Sobald ein Tier etwas Neues lernt, sollten, Sheldrakes Theorie zufolge, andere Tiere derselben Spezies die gleiche Fähigkeit sich anschließend leichter anzueignen instande sein, selbst wenn sie keinerlei Kontakt zu dem Tier hätten, das als erstes jene Lernleistung erbracht hat. Als zum Beispiel in den 70er Jahren der erste Hund gelernt hatte, geschickt eine rotierende Frisbee-Scheibe aufzufangen, müßte es von da an jedem Hund leichter gelingen, mit einem Sprung das herumwirbelnde Spielzeug zu schnappen.

In der Tat hat es den Anschein, als ob frühere Experimente mit Ratten bestätigen, daß es diese Art des Lernens wirklich gibt. In den 20er Jahren dieses Jahrhunderts stellte ein Psychologe an der Harvard University, William McDougall, in einer Reihe von Versuchen fest, daß aufeinanderfolgende Generationen von Ratten mit zunehmender Geschicklichkeit lernten, aus einem bestimmten Typ von Wasserlabyrinth zu entkommen. Da jede Rattengeneration von Eltern abstammte, die bereits das Labyrinth gemeistert hatten, nahm McDougall an, daß die Ratten ihrem Nachwuchs die erworbene Fähigkeit auf genetischem Wege vererbten.

Um jede Möglichkeit auszuschließen, daß er nicht einfach nur schneller lernende Ratten als Eltern gewählt hatte, führte der Forscher sein Experiment ein zweites Mal mit Ratten durch, die von den am langsamsten lernenden Ratten jeder Generation abstammten. Sollte das Prinzip genetischer Auslese eine Rolle spielen, würden alle späteren Generationen von Ratten stets geringere Fähigkeiten zeigen, durch das Labyrinth hindurchzufinden. Zu McDougalls Erstaunen war genau das Gegenteil richtig: Jede der nachfolgenden Generationen lernte in noch schnellerem Tempo.

Später wiederholten zwei Forscherteams – das eine in

Ein Patient schaut aus einem mit Metall ausgekleideten Orgon-Energieakkumulator heraus, einer Erfindung des österreichischen Psychoanalytikers Wilhelm Reich. Angeblich konnte der Apparat Erkältungen abwehren sowie Müdigkeit vertreiben und Nahrungsmittelvergiftungen heilen.

Eine leuchtend blaue Strahlung, von einigen Wissenschaftlern als Orgon bezeichnet, füllt eine Vakuumröhre aus bei einer Vorführung am Orgon-Institut in Maine in den 40er Jahren. Den Reichschen Theorien nach kann Orgon thermisch, elektroskopisch und per Geigerzähler gemessen werden.

Schottland, das andere in Australien – ganz unabhängig voneinander die Experimente McDougalls, wobei sie die gleiche Art von Wasserlabyrinth benutzten. McDougalls Ergebnisse bestätigten sich nicht nur, vielmehr berichteten die Wissenschaftler, daß die erste Generation ihrer Ratten bereits schneller gelernt hatte, als es bei den ersten Generationen von McDougalls Ratten der Fall gewesen war. Die schottischen Forscher stellten fest, daß einige der ersten der von ihnen getesteten Ratten sofort durch das Labyrinth liefen, ohne einen einzigen Fehler zu machen. Für Sheldrake verdeutlichten diese verblüffenden Befunde, daß Genetik und Vererbung nicht jede Art von Lernverhalten erklärten.

Sheldrake kam die Idee zu seiner Theorie von den morphischen Feldern, als er Leiter der Abteilung für Biochemie und Zellbiologie an der Cambridge University war. Um sich für die detaillierte Ausarbeitung seiner Theorie ausreichend Zeit nehmen zu können, verließ er Cambridge im Jahre 1974 und ging nach Indien, wo er die Physiologie tropischer Getreidesorten untersuchte, eine Aufgabe, die ihn weniger in Anspruch nahm als seine Universitätstätigkeit. Als er sich nach vier Jahren in der Lage glaubte, seine Ideen zu Papier zu bringen, gab er seine Stellung ganz auf und zog sich in einen christlichen Ashram zurück. In dieser selbst auferlegten Klausur schrieb er sein Buch: *A New Science of Life: The Hypothesis of Formative Causation*, das 1981 erschien (deutsch 1987, *Das schöpferische Universum: Die Theorie des morphogenetischen Feldes*).

In Fachkreisen stieß das Buch sofort weitestgehend auf Ablehnung. Das Magazin *Nature*, eine der einflußreichsten internationalen wissenschaftlichen Zeitschriften, publizierte eine vernichtende Buchbesprechung unter dem Titel *A Book for Burning?* („Ein Buch zum Verbrennen?"). „Dieses mißglückte Werk", hieß es dort, „ist der sicherste Anwärter für die Verbrennung, den es seit vielen Jahren gegeben hat." Die Rezensenten bezeichneten Sheldrakes Theorie als „eine Übung in Pseudo-Wissenschaft" und empfahlen, dem Buch im Regal den ihm gebührenden Platz zuzuweisen – „bei der Literatur der intellektuellen Verirrungen".

Doch nicht alle Wissenschaftler urteilten so vernichtend. Viele waren von den Fragen, die Sheldrakes Theorie aufwarf, fasziniert und forderten ihre Fachkollegen auf, sich fair mit den Thesen auseinanderzusetzen, statt sie in Bausch und Bogen abzulehnen. Ein Wissenschaftler schrieb, daß Sheldrakes Hypothese „eine erstaunliche Herausforderung für die orthodoxe Theorie der Entwicklung der Pflanzen- und Tierwelt" darstelle. Andere tadelten die Redakteure von *Nature* für ihre Angriffe auf Sheldrakes Ideen und bescheinigten den Kritikern „Verachtung gegenüber einer langen und lebendigen Tradition der Provokation und des kreativen Denkens".

Die Redakteure einer anderen geachteten britischen Zeitschrift, des *New Scientist*, gingen mit Sheldrake ebenfalls weniger hart ins Gericht. Sie stellten heraus, daß seine Hypothese die notwendigen Kriterien einer wissenschaft-

lichen Theorie erfülle: Sie konnte als wahr bewiesen oder widerlegt werden. Sheldrake selbst forderte die Wissenschaftler auf, seine These experimentell zu prüfen, und versicherte, daß er seine Meinung revidieren werde, sollten die Versuche ergeben, daß er sich geirrt habe.

Kurz nach der Veröffentlichung von *A New Science of Life* stiftete eine unabhängige Organisation für interdisziplinäre Forschung, die sogenannte Tarrytown Group in Tarrytown, New York, einen Preis in Höhe von 10000 Dollar für die beste experimentelle Überprüfung von Sheldrakes Hypothese. Nach den Ausschreibungsregeln war es dabei nicht wichtig, ob das preisgekrönte Experiment Sheldrakes Hypothese bestätigen oder widerlegen würde, solange Aufbau und Ausführung des Experiments korrekt waren. Im Sommer 1986 wurden zwei Sieger gekürt, deren Experimente der Existenz von morphischen Feldern einige Glaubwürdigkeit zu verleihen schienen. Zufälligerweise ging es in beiden Studien um Menschen, die mit unbekannten Sprachen konfrontiert wurden.

Eines der beiden Experimente führte Gary Schwartz durch, Professor für Psychologie und Psychiatrie an der Yale University. Er ließ mehrere Gruppen von Studenten, die des Hebräischen nicht mächtig waren, die Bedeutung einer Reihe von hebräischen Wörtern erraten, die jeweils aus drei Buchstaben bestanden. Bei der Hälfte der „Wörter" handelte es sich jedoch nicht um Wörter, sondern einfach um Buchstabenzusammenstellungen. Die Studenten sollten gleichzeitig ihre Treffsicherheit einschätzen. Schwartz' Resultate zeigten, daß die Studenten eindeutig zuversichtlicher waren, richtig zu raten, wenn sie die Bedeutung von wirklichen Wörtern errieten, besonders von häufig benutzten Wörtern. Schwartz glaubt, daß diese Ergebnisse ein „intuitives Gefühl für das Hebräische" bei den Studenten anzeigten.

Eine fremde Sprache war auch Gegenstand des zweiten preisgekrönten Experiments, das von Alan Pickering am Polytechnikum im englischen Hatfield durchgeführt wurde. Er konfrontierte eine Gruppe von Studenten mit persischen Wörtern, während er einer anderen Gruppe Buchstabenkombinationen vorlegte, die wie persische Wörter wirkten. Beide Gruppen sollten sich anschließend an die Wörter erinnern, die sie vor sich gesehen hatten; keiner der Studenten besaß irgendwelche Kenntnisse des Persischen. Die Studenten, welche die „richtigen" Wörter gesehen hatten, bewiesen ein besseres Erinnerungsvermögen.

Obwohl sich Sheldrake über diese Resultate freute, ist er der Ansicht, daß noch viel mehr Belege notwendig seien, um die Existenz von morphischen Feldern nachzuweisen. Tatsächlich deuten die Ergebnisse der Sprachexperimente nicht zwangsläufig auf das Vorhandensein morphischer Felder hin, sondern könnten ebenso durch diejenigen Muster begründet sein, so meinen Kritiker skeptisch, die grundsätzlich allen richtigen Sprachen zugrunde liegen.

Sheldrakes Theorie der morphischen Felder basiert auf der Überlegung, daß bisher noch nicht alle mächtigen Kräfte und Energien der Erde erkannt, geschweige denn anerkannt werden. Diese Idee ist auch Leitprinzip der biodynamischen Anbaumethode, einer der interessantesten in der Ökologie verwurzelten Agrarbewegungen des 20. Jahrhunderts.

Die biodynamische Landwirtschaft, eine Mischung aus Mystik, Wissenschaft und ein wenig „Zauberei", geht davon aus, daß der Boden, der die Erde bedeckt, ein lebendiger Organismus mit eigenen Lebenskräften ist. Diese Lebenskraft müsse ständig aufgefrischt werden, damit der Boden Jahr um Jahr gesunde Früchte hervorbringe. Die Aufgabe des

Ein Farmer in Virginia (links), der nach der biodynamischen Methode des Österreichers Rudolf Steiner arbeitet, stopft frischen Dung in ein getrocknetes Kuhhorn. Unten bereiten zwei Steiner-Anhänger 850 entsprechend präparierte Hörner zum Vergraben vor. Wenn die Hörner einige Monate später ausgegraben werden, enthalten sie eine trockene, geruchlose Substanz. Biodynamische Farmer glauben, daß eine Tasse dieser Substanz auf 48 Liter Regenwasser etwa vier Morgen Land revitalisieren könne.

Landwirts bestehe darin, mit speziell präpariertem organischem Kompost und dementsprechender Bewässerung eine gute Bodenpflege zu betreiben. Nach der biodynamischen Theorie sind Lebensmittel aus solchem Boden nicht nur reicher an Nährstoffen und von besserem Geschmack, sondern

auch spirituell ausgewogener, was sie für die menschliche Seele ebenso nahrhaft macht wie für den Körper.

Die biodynamische Landwirtschaft war die Schöpfung Rudolf Steiners, eines österreichischen Sozialphilosophen und Wissenschaftlers, der in den 20er Jahren dieses Jahrhunderts erkannte, welche Gefahren die chemischen Anbaumethoden für die Erde mit sich brachten. Im Jahre 1924, genau ein Jahr vor seinem Tod im Alter von 64 Jahren, hielt Steiner eine Reihe von acht Vorträgen vor einer Gruppe von deutschen und österreichischen Landwirten, die sich über die geringe Fruchtbarkeit ihrer überbeanspruchten Böden und eine bestürzende Zunahme von Krankheiten bei Pflanzen und Tieren große Sorgen machten. In diesen Vorträgen, die später auch veröffentlicht wurden, gab Steiner seinem starken Gefühl und der tiefen Überzeugung Ausdruck, daß die Erde vor den zerstörerischen Kräften moderner Anbaumethoden bewahrt werden müsse. Daher empfahl er den Landwirten, keinen Kunstdünger zu verwenden und ihrem Boden eine Kost aus nährstoffreichem organischem Kompost und Humus zu verabreichen.

Steiner war nicht der erste, der einer Rückkehr zu chemiefreiem Anbau das Wort redete. Mehrere Jahre zuvor hatte sich der britische Offizier und Botaniker Sir Albert Howard, ein Mann, dem allgemein das Verdienst zugesprochen wird, die Bewegung für organische Landwirtschaft ins Leben gerufen zu haben, ans Rednerpult gestellt, um die Gefahren der Chemie anzuprangern und die Rettung des Bodens durch organische Anbaumethoden zu propagieren. Howards Botschaft war allerdings sehr nüchtern; die von ihm empfohlenen Maßnahmen waren simpel, da es sich um die Art von Methoden handelte, die von den Bauern seit Jahrhunderten praktiziert wurden. Steiners Ansätze hingegen waren relativ esoterisch.

Steiner, der sich selbst als hellsichtig bezeichnete und ehemals Mitglied der mystisch orientierten „Theosophischen Gesellschaft" gewesen war, glaubte, daß die organischen Stoffe zunächst von besonderen kosmischen Kräften vitalisiert und vergeistigt werden müßten, bevor sie im Boden ihre Wirkung entfalten konnten. Zu diesem Zweck entwickelte er neun spezielle biodynamische Präparate, denen er die Nummern 500 bis 508 gab. Jede Präparation, so betonte er, habe einen etwas anderen praktischen Zweck: Nummer 500 zum Beispiel fördere das Wurzelwachstum, während Nummer 508 dem Rostpilz und anderen Pilzkrankheiten entgegenwirke. Doch habe jede auch den übergeordneten Sinn, dem Boden „wohltuende Energien" zurückzugeben.

Die hier abgebildeten vier Diagramme, die von der Steiner-Schülerin Maria Thun stammen, stellen die Position des Mondes in Zusammenhang mit Erde, Wasser, Licht und Wärme dar – den vier für das Pflanzenwachstum lebenswichtigen Elementen. Wenn der Mond im Zeichen des Stieres, der Jungfrau oder des Steinbocks steht, ist die Erde Aszendent. Damit ist der richtige Zeitpunkt für das Pflanzen von Wurzelgemüse gekommen.

ERDE

♉
Stier

♍
Jungfrau

♑
Steinbock

Einfluß auf Wurzeln

Bedenkt man die praktische Veranlagung von Landwirten im allgemeinen, dann mag es vielleicht überraschen, daß Steiners Vorlesungen von 1924 ein voller Erfolg waren. Die Teilnehmer bildeten sofort einen „Versuchsring", um die Möglichkeiten zu diskutieren und zu erproben, Steiners Ideen in die Praxis umzusetzen. Weitere Landwirte, erst in Europa und später in Nordamerika und anderen Teilen der Welt, folgten bald dem Beispiel in der Hoffnung, die Energie ihrer kraftlosen Böden wiederherzustellen.

Die meisten hörten von der „biologisch-dynamischen Wirtschaftsweise" durch die Aktivitäten der „Anthroposophischen Gesellschaft", einer internationalen Organisation, die Steiner im Jahre 1913 gegründet hatte, um zu praktizieren, was er als „Geisteswissenschaft" bezeichnete. Steiner hielt die traditionelle Wissenschaft für zu materialistisch, da sie sich seiner Meinung nach nur auf den physischen Bereich konzentrierte und somit ignorierte, auf welche Weise die Natur von anderen Welten beeinflußt würde. Nach den Vorlesungen von 1924 wurde die Biodynamik rasch zu einem wichtigen Teil der Aktivitäten der Gesellschaft.

Steiners Organisation hat ihren Hauptsitz immer noch im schweizerischen Dornach, und seine Rezepte zum Schutz des Bodens werden auf der ganzen Welt nach wie vor von Zigtausenden von Landwirten sowie Kleingärtnern befolgt.

WASSER

♓
Fische

♋
Krebs

♏
Skorpion

Einfluß auf Blätter und Blattpflanzen

Diese spezielle Form der organischen Landwirtschaft ist besonders in Europa beliebt, wo viele Läden nur biodynamisch angebaute Lebensmittel verkaufen. In den Niederlanden findet der biodynamische Anbau inzwischen so großen Anklang, daß die Regierung Experten engagiert, die ihr Wissen an andere Landwirte weitergeben. Auch in den Vereinigten Staaten und Kanada gibt es eine ganze Anzahl von Farmern, die den Boden nach biodynamischen Methoden bewirtschaften. Deren Produkte, die normalerweise teurer als die auf herkömmliche Weise organisch angebauten Nahrungsmittel sind, findet man in vielen Reformhäusern.

Die biodynamische Landwirtschaft erfordert große Sorgfalt und Genauigkeit im Detail. Um die Erde mit den entsprechenden kosmischen Kräften richtig zu impfen, so lehrte Steiner, müßten die Lösungen genau nach Vorschrift gemixt werden – mit Zutaten, die mehr nach Hexengebräu klingen als nach natürlichem Dünger. So hat man zum Beispiel Schafgarbenblüten in die Blase eines Rehbocks zu stopfen oder gemahlene Eichenrinde in den Schädel einer Kuh.

Einige dieser Präparationen müssen mehrere Monate vergraben werden, bevor man sie für wirksam hält. In einem seiner Vorträge von 1924 erklärte Steiner, warum das Präparat 500 – in ein Kuhhorn abgefüllter Kuhdung – vergraben werden müsse: Der Dung sei in der Lage, nicht nur Lebenskräfte aus dem Horn zu ziehen, sondern auch aus der Erde, in der er vergraben werde. Während des Winters, der Jahreszeit, in der die Erde am lebendigsten sei, werde der Inhalt des Horns inwendig lebendig, und alles Lebendige werde in diesem Dung gespeichert. Der verweste Dung wird dann zu Frühjahrsanfang, vor Beginn der Pflanzzeit, aus dem Kuhhorn entfernt und jeweils in kleinen Mengen mit Regenwasser verrührt, das auf menschliche Körpertemperatur erwärmt ist. Der eine Stunde dauernde Mischvorgang trägt rituelle Züge: Die Lösung muß zunächst 20 Sekunden in eine Richtung, dann 20 Sekunden in die andere Richtung gerührt werden, um die kosmischen Lebenskräfte der Erde und des Universums in Harmonie zu bringen. Nach dem Mischen kann man ein Feld mit der Lösung besprühen. Wie in der Homöopathie werden nur sehr kleine Dosen benutzt: Eine viertel Tasse Dung auf zwölf Liter Wasser sei ausreichend, um einen Morgen Land mit Energie zu impfen.

Neben der Herstellung und Benutzung von Steiners esoterischen und erdigen Präparaten halten sich die biodynamischen Landwirte an die Beobachtung des Mondes, um die Saat- und Erntezeit zu bestimmen. Viele biodynamische Bauern säen beispielsweise zwei Tage vor Vollmond aus, weil sie hoffen, auf diese Weise die Anziehungskraft des Mondes am besten auszunutzen. Einige richten sich beim Pflanzen und Ernten auch jeweils nach der Stellung der Planeten. Steiner lehrte, daß jeder Teil einer Pflanze – Wurzel, Blatt, Blüte und Frucht – von den Planetenbewegungen im Zodiak beeinflußt werde. Der biodynamische Bauer müsse sich deshalb um bestimmte Pflanzen an den Tagen kümmern, an denen die Planeten für denjenigen Pflanzenteil, dessen Wachstum gefördert werden soll, am günstigsten stehen – um Kopfsalat und Spinat zum Beispiel an „Blatttagen", um Rüben und Kartoffeln an „Wurzeltagen".

Zur Verhinderung von Schädlingen gehen die biodynamischen Landwirte pragmatischer vor; sie folgen darin einfach der jahrhundertealten Tradition der Mischkultur. Diese Methode stellt Pflanzen zusammen, die sich wechselseitig im Wachstum fördern, indem in manchen Fällen eine Pflanze die Insekten vertreibt, von der die andere sonst befallen würde. Knoblauch zum Beispiel, zwischen Rosen und Himbeeren gepflanzt, beugt dem Japankäfer vor; Ringelblumen zwischen Tomaten und Spargel vertreiben Tomatenwürmer und Spargelkäfer.

Manchmal werden die Schädlinge gesammelt und in Wasser gekocht. Ist das Gebräu gesiebt und abgekühlt, spritzt man damit anschließend das Gemüse und die Obstbäume in der Annahme, daß diese Mixtur als natürliches Schädlingsbekämpfungsmittel wirke. Verschiedene Pflanzen, wie etwa der Schachtelhalm, werden auch als Tees aufgebrüht und auf das Getreide gespritzt. Damit hofft man, Pflanzenkrankheiten vorzubeugen. Für den biodynamischen Gärtner stellen diese ungewöhnlichen Schädlingsbekämpfungsmittel eine weitere Möglichkeit dar, um die Kräfte der Natur in ein Gleichgewicht zu bringen. Die Anhänger Steiners betonen jedoch, daß das eigentliche Gleichgewicht im Boden selbst hergestellt sein muß. Nach der biodynamischen Theorie ist gesunder Boden, der von den Lebenskräften der Erde erfüllt ist, in der Tat die einzige Garantie für gesunde, schädlingsresistente Pflanzen.

Wegen ihrer seltsamen Methoden und ihrer spiritistischen Untertöne stößt die biodynamische Landwirtschaft bei vielen Bauern – darunter einigen, die weniger skurrile organische Methoden durchaus befürworten – auf Skepsis und Zurückhaltung. Manche Wissenschaftler finden jetzt jedoch heraus, daß zumindest einige von Steiners „verrückten" Ideen einen Nutzen haben könnten. Forscher in Mittelamerika haben zum Beispiel entdeckt, daß Baumwollpflanzen weniger von Insekten befallen werden, wenn sie zur Zeit bestimmter Mondphasen gepflanzt werden. In Mexiko durchgeführte Studien scheinen zu zeigen, daß die Technik der Schädlingsverbrennung – in diesem Fall Käfer –, um Substanzen freizusetzen, die andere Schädlinge abhalten, auch von Wert zu sein scheint.

Obwohl Steiner erkannte, daß die Pflanzen den größten Teil ihrer Lebenskraft einem gesunden Boden verdanken, glaubte er doch auch, daß sie kontinuierlich Energie aus der Lebensschwingung über dem Boden bezögen. Insbesondere Vögel, betonte er wiederholt, würden mit ihrem Gesang und mit den durch ihren Flügelschlag erzeugten Luftvibrationen eine starke Wirkung auf das Blühen und Fruchttragen der Pflanzen ausüben.

Etwa 35 Jahre nach Steiners Tod wurde der junge Rekrut Dan Carlson aus Minnesota in der entmilitarisierten Zone zwischen Nord- und Südkorea Zeuge einer tragischen Szene, die ihn schließlich – wie schon Steiner – zu der Überzeugung gelangen ließ, daß der Gesang der Vögel das

LICHT

♊
Zwillinge

♎
Waage

♒
Wassermann

Einfluß auf Blumen und Blühpflanzen

WÄRME

♈
Widder

♌
Löwe

♐
Schütze

Einfluß auf Früchte und Samen sowie Getreide

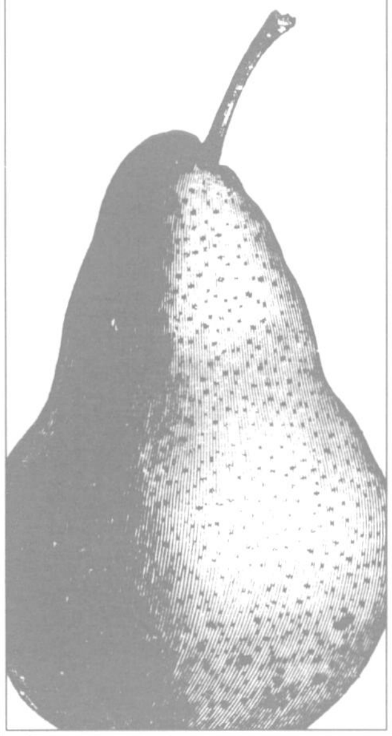

Pflanzenwachstum fördere. An einem bitterkalten Wintertag im Jahre 1960 beobachtete Carlson mit Entsetzen, wie eine junge koreanische Mutter ihren vierjährigen Sohn absichtlich so unter die Räder eines fahrenden Lastwagens schob, daß sie die Beine des Kindes zermalmten. Dem herbeigerufenen Arzt erklärte die Frau unter Tränen, sie habe ihren Sohn zum mitleiderregenden Krüppel machen müssen, um genügend Nahrung für ihn und seine Geschwister zusammenbetteln zu können.

Tief betroffen von diesem Vorfall, beschloß Carlson, den Rest seines Lebens der Suche nach einer neuen und preiswerten Methode zu widmen, selbst auf dem kärglichsten Fleckchen Erde Nahrung anzubauen. Nach seiner Rückkehr in die Vereinigten Staaten schrieb er sich an der Universität von Minnesota in den Fächern Gartenbau und Landwirtschaft ein und begann das Wachstum der Pflanzen zu studieren. Er kam rasch zu dem Schluß, daß auch eine Pflanze, die nicht genügend Nahrung aus dem Boden erhielt, überleben könnte, wenn sie in der Lage wäre, durch die Stomata, kleine mundähnliche Spaltöffnungen in ihren Blättern, Nahrung aufzunehmen. Diese Öffnungen sind die Atmungsorgane der Pflanzen und dienen normalerweise dem Austausch von Feuchtigkeit und Gasen mit der Luft in der Umgebung der Pflanze. Carlson hielt es allerdings für vorstellbar, daß eine billige Flüssignahrung – in so geringer und daher sparsamer Dosierung, daß sie als Düngung für den Boden wirkungslos bliebe – Pflanzen sogar in Dürregebieten ausreichend ernähren könnte, wenn sie nur in direkten Kontakt mit den Blättern käme. Er war

Wassergöttin contra Experten

Es handelte sich um den klassischen Konflikt: Innovation gegen Tradition – mit einer unerwarteten Schlußwendung. Zu Beginn des Jahres 1978 startete die Regierung von Indonesien zusammen mit der Asiatischen Entwicklungsbank ein 24-Millionen-Dollar-Projekt, um den Reisanbau auf der Insel Bali zu modernisieren. Man hoffte, die Erträge zu steigern und so die Nahrungsmittelversorgung der Bevölkerung zu gewährleisten.

Wie die meisten Aspekte des Lebens auf Bali war der Reisanbau von alters her eine höchst spirituelle Beschäftigung. Überall auf den terrassenförmigen Feldern ehrten Gebetsplätze, wie der hier abgebildete, und größere Heiligtümer die Reisgeister. Selbst die Bewässerung war ein religiöses Ritual. Wenn ein Bauer seine Felder bewässern wollte, wendete er sich an die Wächter des unmittelbar stromaufwärts gelegenen Heiligtums. Diese wiederum sprachen mit den Bauern und Priestern hügelaufwärts und so fort, bis die Bitte schließlich in einem Tempel neben einer der Hauptwasserquellen der Insel, einem See in einem erloschenen Vulkan, angekommen war. Nach balinesischem Glauben war dieser See die Heimstatt der Wassergöttin Dewi Danu, deren Hoherpriester Jero Gde im nahe gelegenen Tempel wohnte und sich um die Bewässerung der Insel kümmerte.

Dann kam die Modernisierung. Die Berater empfahlen den Bauern, dreimal im Jahr statt zweimal zu pflanzen, wie Jero Gde es ihnen erlaubt hatte. Das Resultat war fast eine ökologische Katastrophe: Die Bauern entdeckten, daß die ganzjährige Bepflanzung der Felder Insekten und Ratten das Überleben und die Vermehrung ermöglichten. Die zur Bekämpfung des Ungeziefers eingesetzten Pestizide töteten auch die Fische, die in den Reisfeldern gelebt und die Nahrung der Menschen mit Protein angereichert hatten.

Schließlich kam von unerwarteter Seite Hilfe. Forscher der University of Southern California, die von dem Problem bei einer Feldforschung auf Bali erfahren hatten, entwickelten ein Computerprogramm, das die Langzeitwirkung des traditionellen Systems und des modernen Ansatzes berechnete. Berücksichtigung fanden nicht nur die Ertragspläne, sondern auch die Belastung des Getreides, voraussichtliche Regenfälle und der Grad der sozialen Kooperation. Das Programm stellte Vergleichskarten von der Insel unter beiden Systemen her, die auch Graphiken der Ernteerträge enthielten. Sie bewiesen leicht, daß sich die empfindlichen Reispflanzen am besten in der althergebrachten Weise kultivieren ließen. Daraufhin stoppte die Regierung in Jakarta ihre Modernisierungsversuche im Jahre 1988. Der Reisanbau auf der Insel erfolgte von neuem unter der Leitung Dewi Danus und ihres rehabilitierten Hohenpriesters.

sich jedoch noch nicht darüber im klaren, wie sich die Spaltöffnungen dazu bringen ließen, die ungewohnte Funktion der Nahrungsaufnahme zu übernehmen.

Inspiriert von den Studien amerikanischer Forscher, die mit der Untersuchung der Wirkung von Tönen und Klangfolgen auf Pflanzen in die Fußstapfen von T. C. Singh getreten waren, begann Carlson nach Frequenzen zu suchen, welche die Stomata anzuregen vermochten, sich zu öffnen und Nahrung aufzunehmen. Nach vielen Versuchen entdeckte er die seiner Ansicht nach richtige Kombination aus Frequenzen und Harmonien. Er stellte die Geräusche einem Freund, dem Musiklehrer Michael Holtz aus Minneapolis, vor und bat ihn, ein Musikstück zu finden, in das sich die Tonfolge einbauen ließe.

Als Holtz die seltsame Abfolge von zwitschernden Tönen hörte, erkannte er sofort, daß die Geräusche dem Morgenkonzert der Singvögel vor seinem Schlafzimmerfenster ähnelten. „Es war aufregend, diesen Bezug herzustellen", erinnerte sich Holtz später. „Ich begann zu ahnen, daß Gott die Vögel nicht nur zum Fliegen und Tirilieren geschaffen hatte. Ihr Gesang selbst muß eng mit dem Geheimnis der Keimung und des Pflanzenwachstums verknüpft sein."

Heute wird Carlsons Idee, Pflanzen mit Flüssignahrung zu besprühen und sie gleichzeitig Tönen auszusetzen, die dem Gesang der Vögel ähneln, auf mehreren Farmen weltweit experimentell in die Tat umgesetzt. Ein Orangenzüchter in Florida, der diese Methode benutzt, gibt an, daß seine Früchte nicht nur größer, saftiger und süßer als vorher seien, sondern auch 121 Prozent mehr Vitamin C enthielten. Ein Landwirt notiert, daß die Milchproduktion seiner Kühe, nachdem sie mit Musik angebautes Alfalfa als Futter bekommen hätten, um 250 Liter pro Zentner Lebendgewicht gestiegen sei – obwohl die Kühe ein Viertel weniger Futter benötigten –, während der Vertreter eines Bauernverbandes in Pakistan mitteilt, daß nach der Anwendung von Carlsons Methode die Kartoffelernte um rund 150 Prozent und die Getreideernte um 85 Prozent höher ausgefallen sei.

Obwohl diese Experimente, da sie nur vereinzelt stattfinden, nicht viele weitere Landwirte davon überzeugt haben, auf ihren Feldern die Stereogeräte anzustellen, hat Carlson doch die Hoffnung, daß seine Methode sich bald ausbreiten wird. „Ich möchte jeden ermuntern, sich die von mir angelegten Mustergärten anzuschauen, die blühende Gesundheit der Pflanzen zu bewundern, mit eigenen Augen zu sehen, wie stark sie Frucht tragen, und die Früchte zu kosten", sagt er. „Und all das geschieht nur mit Zuwendung, natürlichen Nährstoffen und Klängen."

Die Idee, daß die Erde unsichtbare Kräfte besitze, die angezapft werden können, um sogar noch auf dem kargsten Boden das Wachstum von Pflanzen zu ermöglichen, ist die Grundüberzeugung einer bemerkenswerten experimentellen Gemeinschaft, die sich in einem abgelegenen Gebiet in Nordschottland angesiedelt hat. Seit einem Vierteljahrhundert ist die Findhorn-Gemeinde, so benannt nach einem Nachbardorf dieses Namens, das Mekka der Anhänger des New Age, die nach einem direkteren Weg suchen, mit den verborgenen Kräften der Natur in Kontakt zu treten.

Im Jahre 1965 erfuhr die Öffentlichkeit zum erstenmal von Findhorn. Im Herbst besagten Jahres besuchte ein amtlicher Gartenbauexperte einen Wohnwagenplatz auf einem sandigen windgepeitschten Landstreifen mit Blick über den Firth of Moray. Er wollte in einem ziemlich merkwürdigen Garten eine Bodenprobe entnehmen. Der Garten gehörte Peter Caddy, einem Ex-Luftwaffenmajor und ehemaligen Hotelbesitzer, der drei Jahre zuvor mit seiner Frau Eileen, drei Söhnen und einer medial begabten Freundin, Dorothy Maclean, auf den Wohnwagenplatz gezogen war. Aus einem steinigen Fleckchen Erde, bedeckt mit Stechginster und Sand, hatte Caddy einen Garten hervorgezaubert, in dem er 65 Gemüsesorten, 21 Obstsorten und mehr als 40 verschiedene Kräuter zog.

Obwohl der Garten blühte und gedieh, bat Caddy, der vor seinem Umzug nach Findhorn niemals auch nur ein einziges Samenkorn gesät hatte, den Experten, seinen Boden zu untersuchen aus Sorge, es könne ihm an Nährstoffen mangeln. Nach einem Blick auf Caddys Garten meinte der Berater, es seien mindestens 60 Gramm schwefelsaures Kali pro Quadratmeter notwendig. Als Caddy erwiderte, daß er nicht an Kunstdünger glaube und natürlichen Kompost und Holzasche vorziehe, schüttelte der Berater den Kopf, weil er beides für völlig unzulänglich hielt.

Der Experte nahm eine Bodenprobe aus Caddys Garten mit nach Aberdeen. Als er sechs Wochen später mit der Analyse zurückkehrte, mußte er zugeben, daß er vor einem Rätsel stand. Die Analyse hatte zweifelsfrei ergeben, daß der Boden keinen Mangel an Nährstoffen litt; es fanden sich sogar ganz im Gegenteil seltene Spurenelemente in der Probe. Erstaunt darüber, daß ein so fruchtbarer Boden auf einem so nährstoffarmen Land existierte, bat er Caddy, an einer Rundfunkdebatte mit einem professionellen Gärtner teilzunehmen, der für konventionelle, chemisch unterstützte Anbaumethoden eintrat. In dieser Diskussion schrieb Caddy seinen außergewöhnlichen gärtnerischen Erfolg der Benutzung von Kompost und anderen organischen Anbautechniken sowie schlicht und einfach harter Arbeit zu.

Die praktische Botschaft stieß auf positive Resonanz, und während des folgenden Jahres fanden sich beständig neugierige Gärtner zu einem Besuch in Findhorn ein. Doch wie schon der amtliche Gartenexperte waren viele Besucher, besonders diejenigen, die sich in organischen Anbaumethoden auskannten, über das Vorgefundene erstaunt. Ihnen war klar, daß gewöhnliche organische Methoden keine ausreichende Erklärung für die blühende Gesundheit der Pflanzen, des Obstes und des Gemüses boten, die auf diesem ansonsten unfruchtbaren Landstrich wuchsen. „Die Kraft, Gesundheit und Blüte der Pflanzen mitten im Winter auf Land, das aus fast unfruchtbarem, feinem Sand besteht, läßt sich weder allein durch Kompostierung noch durch die Anwendung irgendwelcher bekannter Kulturmethoden aus der organischen Landwirtschaft erklären", erkannte ein Landwirtschaftsexperte der Vereinten Nationen. „Es muß andere Faktoren von vitaler Bedeutung geben."

Auch Peter Caddy glaubte, daß in seinen Gärten andere Kräfte am Werk waren, obwohl er dies erst 1968 öffentlich zugab. In diesem Jahr tat er seine Überzeugung kund, daß die Erde ein lebendiger und empfindungsfähiger Organismus sei und der Natur mächtige und bis dahin ungeahnte Kräfte innewohnten. Durch Dorothy Macleans spirituelle

Begabung, so sagte Caddy, sei er in der Lage gewesen, direkt mit den unsichtbaren, engelgleichen Wesen zu kommunizieren, die er mit einem Hindu-Ausdruck als *devas*, „Lichtwesen“, bezeichnete. Nach Caddys Ausführungen beherrschten die Devas die „Naturgeister“, umfassende Naturkräfte, die alle physischen Formen der Erde, von den Wolken bis zum Blumenkohl, vom Regen bis zum Rotahorn, durchzogen. Jede Pflanzenart hatte ihren eigenen Deva, der für ihr gesundes Wachstum verantwortlich war.

Der Kräutergarten in Findhorn (ganz links), ein Landschaftsmandala aus Erde und Pflanzen, liefert der kleinen Gemeinschaft Gewürze, Arzneien, Reinigungsmittel, Farb- und Duftstoffe. Das Ideal der Gemeinschaft – eine enge spirituelle Verbindung mit der Natur – wird zum Teil auf der Tafel links beschrieben. Die Bewohner von Findhorn kommunizieren – wie oben der Farmer – mit den von ihnen angebauten Pflanzen in der Hoffnung, auf diese Weise Harmonie mit allem Leben auf der Erde herzustellen.

Durch Maclean gaben ihm die Pflanzendevas im Garten fast täglich praktische Anweisungen, wie die Pflanzen zu bewässern, zu nähren, mit Mulch zu bedecken und anderweitig zu versorgen waren. Maclean konsultierte die Devas während ihrer täglichen Meditationen und gab die Botschaften, die sie empfing, weiter. Eines Tages machte etwa der Spinatdeva folgende Mitteilung: „Wenn ihr wollt, daß die Pflanzen kräftige Blätter bekommen, dann müssen sie weiter auseinanderstehen als im Augenblick. Wenn ihr sie so belaßt, werdet ihr insgesamt genauso große Blätter bekommen; sie sind vielleicht ein wenig zarter, aber haben nicht so eine starke Lebenskraft.“ Maclean empfing auch Botschaften von einem Geist, den sie und Caddy den „Landschaftsengel“ nannten und der den gesamten Garten „mit Licht durchflutete“. Dieses Wesen, eine Art Sprecher der Devas, gab in der Regel allgemeinere Ratschläge, etwa daß es wichtig sei, daß Menschen Liebe und positive Gefühle während der Gartenarbeit ausstrahlten, besonders wenn sie den Boden vorbereiteten. Aber es gab auch praktische Hinweise und sagte Caddy, wie er Kompost anzusetzen, wann er zu gießen und wie er Jauche anzuwenden habe.

Heute leben und arbeiten mehr als hundert Menschen in Findhorn, und weitaus mehr kommen jährlich aus allen Teilen der Welt, um aus eigener Anschauung zu erleben und zu erfahren, wie man mit den Kräften und Energien der Natur kommunizieren und zusammenarbeiten kann, sei es durch Devas, Naturgeister oder einfach durch die Entwick-

Um im Jahre 1990 – angeblich – negative Erdenergien auf einer Farm in Vermont zu neutralisieren, lokalisiert der medial veranlagte Farmer Sig Longren zunächst mit einer frisch geschnittenen Wünschelrute die unterirdischen Kraftlinien (links unten). Nachdem er mit dem sogenannten Aurameter (rechts oben) die Grenzen einer Kraftlinie abgesteckt hat, rammt Longren eine Stange aus Stahlbeton tief in das Zentrum der Linie (rechts unten). Nach Longren wirkt der Stab wie eine Akupunkturnadel und verändert den natürlichen Fluß der Erdenergie.

lung eines sensibleren Bewußtseins für Pflanzen und andere Lebewesen. Doch die Mitglieder der Gemeinschaft glauben, daß Findhorn mehr ist als nur ein Experiment. Der seit langer Zeit dort ansässige David Spangler schrieb: „Wir ziehen nicht nur Gemüse und Blumen auf unfruchtbarem Sand. Wir arbeiten mit Manifestationsprozessen und bedienen uns des Potentials der Erde. Diese Realisierung des lebendigen Selbst des Planeten ist es, die den unfruchtbaren Sand in einen Garten verwandelt hat."

Weit entfernt von Findhorn wandte eine andere Gruppe von Naturvisionären auf einer gemeinsamen Farm in den roterdigen südenglischen Cotswold-Bergen die alte östliche Technik der Akupunktur an, um das ausgelaugte Land zu heilen und zu revitalisieren. Nach dem Ankauf der Farm stellten die Besitzer fest, daß es in dem Tal, in dem das Gehöft lag, überhaupt keine Tiere gab und Besucher nach wenigen Stunden Magenbeschwerden bekamen. Schließlich kam die Gemeinschaft zu dem Schluß, daß ein neu angelegter Steinbruch etwa 80 Kilometer entfernt die Ursache des Übels sein müsse. Sie glaubten, er habe ein energetisches Ungleichgewicht geschaffen, das sich auf ihr Tal konzentriert habe. Nur wenn sie das Tal gegen die „schlechte" Energie, das *sha* des Steinbruchs abschirmten, ließen sich die Lebenskräfte wieder ins Gleichgewicht bringen.

Der Leiter der Gemeinschaft und ein weiteres Mitglied waren erfahrene Erdakupunkteure, welche die chinesische Technik, in den menschlichen Körper zu Heilungszwecken an bestimmten Stellen spezielle Nadeln zu stechen, auf die Erde übertragen, um Gaias „Erdkörper" zu heilen. Um ihr Gehöft von den schlechten Energien zu befreien, begannen die Männer, an besonders ausgewählten Stellen 20 Holzpfähle, deren oberes Ende mit Kupferdraht umwickelt war, in den Boden zu rammen. Innerhalb von Tagen verschwanden die mysteriösen Magenbeschwerden. Weitere Pfähle wurden in den Boden getrieben, um mögliche „Löcher" zu schließen, durch welche die negative Energie aus dem Steinbruch sich immer noch Zutritt verschaffen konnte. Anscheinend als Reaktion auf diese Maßnahme begannen sich wieder Tiere einzustellen. Um schließlich den Energiefluß neu zu gestalten und dem Land seine friedliche Atmosphäre wiederzugeben, rammten die Männer noch über 60 weitere Pfähle – diesmal aus Eisen – in den Boden. Innerhalb eines Zeitraums von nur zwei Jahren hatten die Mitglieder der Gemeinschaft den Eindruck, daß sich langsam tiefer Frieden über dem Tal ausbreitete – ähnlich „der tiefen Stille einer Kathedrale", wie ein Beobachter es beschrieb.

Vielleicht gab tatsächlich die Akupunktur der Farm in den Cotswolds die Vitalität zurück; vielleicht waren es einfach die natürlichen Anbaumethoden der Besitzer, welche die Verbesserung bewirkten. Möglicherweise beruhte die Wahrnehmung, daß der Boden zunehmend gesundete und der Frieden wuchs, aber auch auf einer veränderten Einstellung der Mitglieder. In jedem Fall illustriert die Geschichte überzeugend, daß individuelle menschliche Bemühungen offensichtlich eine positive Wirkung auf die Gesundheit des Planeten haben können. Viele Wissenschaftler sind allerdings der Ansicht, daß solche individuellen Anstrengungen nicht genügen, um der enormen globalen Bedrohung durch sauren Regen, massive Entwaldung, Treibhausgase und andere umweltschädigende Angriffe Herr zu werden.

James Lovelock und diejenigen, die seine Auffassung von einer lebendigen Erde teilen, sind fest davon überzeugt, daß Gaia voraussichtlich jede Bedrohung ihrer Gesundheit durch den Menschen überleben werde, aber weniger sicher ist, ob die Menschheit überleben kann. Wenn wir weiterhin die Umwelt global, unter Mißachtung der Wünsche Gaias, verändern, so warnt Lovelock, könnten wir sie veranlassen, unsere Spezies durch eine verträglichere Art zu ersetzen. Wie andere Umweltschützer glaubt auch Lovelock, daß es die Verantwortung jedes einzelnen ist, mit der Erde in Harmonie zu leben, und daß sich persönliche Bemühungen in einem größeren Rahmen auswirken können. „Alles hängt von dir und mir ab", sagt er. „Wenn wir die Erde als lebendigen Organismus und uns als Teil davon sehen – nicht als Besitzer, nicht als Pächter, nicht einmal als Gast –, könnten wir noch eine lange Zeit vor uns haben, und unsere Art könnte für die ihr bestimmte Zeitspanne weiterleben."

Lovelocks Ansicht erinnert an die Worte des Indianerhäuptlings Seattle vom Stamm der Suquamish, welcher der amerikanischen Regierung 1854 vorhielt: „Wenn die Menschen auf den Boden spucken, dann bespeien sie sich selbst. Dessen sind wir uns gewiß: daß die Erde nicht dem Menschen gehört ... Nicht der Mensch hat das Netz des Lebens gewebt; er ist nur ein Faden darin. Was immer er dem Netz auch antun mag, er tut es sich selbst an."

DANKSAGUNG

Die Herausgeber möchten den folgenden Personen und Institutionen ihren besonderen Dank aussprechen: Altan Akat, Generaldirektor, Museen und Kunstgewerbe des Kultusministeriums, Ankara, Türkei; François Avril, Konservator, Département des Manuscrits, Bibliothèque Nationale, Paris; Horus-Buchhandlung, Bonn; The Earthquake Research Institute of the University of Tokyo, Tokyo; Reinhard Eisele, Augsburg; Sig Longren, Greensboro, Vermont; Lino Pellegrini, Mailand; Dr. H. Preuschoft, Ruhr-Universität, Bochum; Alexa Roberts, Historical Preservation Department, Navajo Nation, Window Rock, Arizona; Dr. Jim Swan, The Institute for the Study of Natural Systems, Mill Valley, Kalifornien; O. Gurkan Toklu, Direktor, Anadolu Medeniyetleri Muzesi, Museum für Anatolische Kultur, Ankara, Türkei; Stephen Trimble, Salt Lake City; Ann Washatko, House of Mystery, Hungry Horse, Montana.

BIBLIOGRAPHIE

Adair, Gene: *George Washington Carver.* Chelsea House, New York 1989

Alexander, Marc: *British Folklore.* Crescent Books, New York 1982

Alldritt, Charles: *Tree Worship with Incidental Myths and Legends.* Charles Alldritt, Auckland, Australien, 1965

Allen, Judy, und Griffiths, Jeanne: *The Book of the Dragon.* Orbis, London 1979

Allen, Oliver E., und die Redaktion der Time-Life Bücher: *Die Atmosphäre* (Der Planet Erde). Time-Life Bücher, Amsterdam 1984

Allen, Paula Gunn: „American Indian Mysticism." *Shaman's Drum*, Herbst 1988

Amundson, Ron:
„The Hundredth Monkey Phenomen." *The Skeptical Inquirer*, Sommer 1985
„Watson and the ‚Hundredth Monkey Phenomen'." *The Skeptical Inquirer*, Frühjahr 1987

Asimov, Isaac: *Die Erforschung der Erde und des Himmels.* dtv, München 1987

Baker, Margaret: *Folklore and Customs of Rural England.* Rowman and Littlefield, Totowa (New Jersey) 1974

Baldwin, Gordon C.: *Indians of the Southwest.* G. P. Putnam's Sons, New York 1970

Bangs, Richard, und Kallen, Christian: *Islands of Fire, Islands of Spice: Exploring the Wild Places of Indonesia.* Sierra Club Books, San Francisco 1988

Banyard, P. J.: *Natural Wonders of the World.* Chartwell Books, Secaucus (New Jersey) 1978

Beck, Peggy V., und Walters, A. L.: *The Sacred: Ways of Knowlegde, Sources of Life.* Navajo Community College, Tsaile (Arizona) 1977

Becker, Robert O., und Selden, Gary: *The Body Electric: Electromagnetism and the Foundation of Life.* Morrow, New York 1985

Bluth, B. J., und Helppie, Martha: „Soviet Space Stations as Analogs.", *NASA Grant NAGW-659*, NASA Headquarters, Washington (D.C.), 18. Mai 1987

Bord, Janet, und Bord, Colin:
Ancient Mysteries of Britain. Salem House, Manchester (New Hampshire) 1986
Sacred Waters: Holy Wells and Water Lore in Britain and Ireland. Granada, London 1985

Buchanan, Keith, Fitzgerald, Charles P., und Ronan, Colin A.: *China.* Crown, New York 1980

Campbell, Joseph: *The Masks of God: Primitive Mythologie.* Viking Press, New York 1959

Cattell, J. McKeen, und Brimhall, Dean R. (Hrsg.): *American Men of Science: A Biographical Directory.* Science Press, Garrison (New York) 1921

Cavendish, Richard (Hrsg.): *Man, Myth & Magic.* Marshall Cavendish, New York 1985

Clayre, Alasdair: *The Heart of the Dragon.* Houghton Mifflin, Boston 1986

Collier, John: *On the Gleaming Way.* Sage Books, Denver 1962

Condit, Ira J.: *Ficus: The Exotic Species.* University of California, Riverside (Kalifornien) 1969

Cock, Roger: *The Tree of Life: Image for the Cosmos.* Avon Books, New York 1974

Corliss, William R. (Hrsg.): *Unknown Earth: A Handbook of Geological Enigmas.* Sourcebook Project, Glen Arm (Maryland) 1980

Cotterell, Arthur: *Die Welt der Mythen und Legenden.* Droemer Knaur, München 1990

Crockett, James Underwood, und die Redaktion der Time-Life Bücher: *Bäume* (Handbuch der Gartenkunde). Time-Life Bücher, Amsterdam 1973

Davidson, H. R. Ellis: *Scandinavian Mythology.* Peter Bedrick Books, New York 1982

Delgado, Pat, und Andrews, Colin: *Circular Evidence.* Bloomsbury, London 1989

Dobzhansky, Theodosius: *Genetics of the Evolutionary Process.* Columbia University Press, New York 1970

Dogra, Bharat: *Forests and People.* Bharat Dogra, Neu-Delhi 1983

Doolittle, Jerome, und die Redaktion der Time-Life Bücher: *Das Land der Canyons* (Die Wildnisse der Welt). Time-Life Bücher, Amsterdam 1978

Dupuis, Jean: *Marvellous World of Trees.* Abbey Library, London 1976

Eitel, Ernest J.: *Feng Shui oder Die Rudimente der Naturwissenschaft in China.* Hübner, Waldeck-Dehringhausen 1983

Eliade, Mircea:
Ewige Bilder und Sinnbilder. Essays über die magisch-religiöse Symbolik. Insel, Frankfurt/Main 1986
Mythen, Träume und Mysterien. Insel, Frankfurt/Main 1988

Emboden, William A.: *Bizarre Plants: Magical, Monstrous, Mythical.* Macmillan, New York 1974

The Encyclopedia of Organic Gardening. Rodale Press, Emmaus (Pennsylvania) 1978

Erdoes, Richard:
The Native Americans: Navajos. Hrsg. v. Marvin L. Reiter. Sterling, New York 1979
The Rain Dance People. Alfred A. Knopf, New York 1976

Erdoes, Richard, und Ortiz, Alfonso (Hrsg.): *American Indian Myths and Legends.* Pantheon Books, New York 1984

Evers, Larry (Hrsg.): *The South Corner of Time: Hopi, Navajo, Papago, Yaqui Tribal Literature.* Sun Tracks, Tucson (Arizona) 1980

Ewart, Neil: *The Lore of Flowers.* Sterling, New York 1982

Facts and Fallacies. Reader's Digest Association, New York 1988

Findhorn-Gemeinschaft (Hrsg.): *Der Findhorn Garten. Ein neues Zukunftsbild: Mensch und Natur im Einklang.* Schickler, Berlin (West) 1987

Flacelière, Robert: *Greek Oracles.* W. W. Norton, New York 1965

Frazer, James George:
Der goldene Zweig. Das Geheimnis von Glauben und Sitten der Völker. Rowohlt, Reinbek 1989
The New Golden Bough. Hrsg. v. Theodor H. Gaster. New American Library, New York 1964

Fuller, Paul, und Randles, Jenny: *Controversy of the Circles: An Investigation of the Crop Circles Mystery* (Bericht). British UFO Research Association, Juni 1989

Furst, Peter T.: „An Indian Journey to Life's Source." *Natural History*, April 1973

Gartlein, Carl W.: „Unlocking Secrets of the Northern Lights." *National Geographic*, November 1947

Gettings, Fred: *Secret Symbolism in Occult Art.* Harmony Books, New York 1987

„The Ghost-Dance Religion and the Sioux Outbreak of 1890." In: *Annual Report of the Bureau of American Ethnology*, XIV, 2, Washington (D.C.)

Gimbutas, Marija: *The Language of the Goddess.* Harper & Row, San Francisco 1989

Gliedman, John: „Beyond the Brain's Boundaries." *Science Digest*, Februar 1983

Goldsmith, Edward, und Hildyard, Nicholas (Hrsg.): *The Earth Report: The Essential Guide to Global Ecological Issues.* Price Stern Sloan, Los Angeles 1988

Gordon, Lesley: *The Mystery and Magic of Trees and Flowers.* Webb & Bower, Exeter, England, 1985

Graves, Tom: *Needles of Stone.* Turnstone Press, London 1978

Great Disasters. Reader's Digest Association, Pleasantville (New York) 1989

Hawken, Paul: *Der Zauber von Findhorn.* Rowohlt, Reinbek 1985

Heffern, Richard: *The Complete Book of Ginseng.* Celestial Arts, Millbrae (Kalifornien) 1976

Hemleben, Johannes: *Rudolf Steiner.* Rowohlt, Reinbek 1982

Hitching, Francis: *Die letzten Rätsel unserer Welt. Das große Buch der Phänomene.* Umschau, Frankfurt/Main 1982

Hole, Christina: *Encyclopedia of Superstitions.* Hutchinson, New York 1961

Huxley, Anthony: *Plant and Planet.* Viking Press, New York 1974

Itoh, Teiji: *Die Gärten Japans.* Übers. v. Dieter Kuhaupt. DuMont, Köln 1985

Jacob, Dorothy: *A Witch's Guide to Gardening.* Taplinger, New York 1964

James, Peter: „A Visit to Troytown." *The Unexplained* (London), Bd. 13, Heft 148

Jones, Charles (Hrsg.): *Look to the Mountain Top.* Gousha, San Jose (Kalifornien) 1972

Jordan-Smith, Paul: „The Serpent and the Eagle." *Parabola*, August 1989

Keegan, Marcia: *The Taos Indians and Their Sacred Blue Lake.* Julian Messner, New York 1972

Kmetz, John M.: „Plant Primary Perception: The Other

Side of the Leaf." *The Skeptical Inquirer*, Frühjahr/Sommer 1978
Kurtz, Paul (Hrsg.): *A Skeptic's Handbook of Parapsychology.* Prometheus Books, New York 1985
LaChapelle, Dolores: *Weisheit der Erde. Eine spirituelle Ökologie.* Neue Erde, Saarbrücken 1990
Loh, Jules: *Lords of the Earth: A History of the Navajo Indians.* Crowell-Collier, New York 1971
Lovelock, James:
The Ages of GAIA. W. W. Norton, New York 1988
Unsere Erde wird überleben: Gaia – Eine optimistische Ökologie. Heyne, München 1984
„Lunar Grip on the Tides." *Life*, 4. Juli 1969
McDonald, Kimla: „Living Earth: Protecting Sacred Places in the American Southwest." *Shaman's Drum*, Winter 1986–1987
McGuire, Edna: *The Maoris of New Zealand.* Macmillan, New York 1968
Mann, W. Edward, und Hoffman, Edward: *The Man Who Dreamed of Tomorrow: A Conceptual Biography of Wilhelm Reich.* J. P. Tarcher, Los Angeles 1980
Marbach, William D.: „A New Theory of Causation." *Newsweek*, 7. Juli 1986
Meaden, George Terence: *The Circles Effect and Its Mysteries.* Artetech, Wiltshire, England, 1989
Michell, John:
Megalithomania. Cornell University Press, Ithaca (New York) 1982
The New View over Atlantis. Harper & Row, San Francisco 1983
The Traveler's Key to Sacred England. Alfred A. Knopf, New York 1988
Die vergessene Kraft der Erde. Ihre Zentren, Strömungen und Wirkungsweisen. Waltraud Wagner, Warburg 1981
Miller, Hamish, und Broadhurst, Paul: *The Sun and the Serpent.* Pendragon Press, Cornwall, England, 1989
Momaday, N. Scott: „I Am Alive..." In: *The World of the American Indian.* National Geographic Society, Washington (D.C.) 1974
Nature's World of Wonders. National Geographic Society, Washington (D.C.) 1983
Nazario, Sonia L.: „Are Organic Foods Spiritual Enough?" *The Wall Street Journal*, 21. Juli 1989
Newton, Douglas, und Brake, Brian: „The Maoris." *National Geographic*, Oktober 1984
Ortiz, Alfonso: „Farmers and Raiders of the Southwest." In: *The World of the American Indian.* National Geographic Society, Washington (D.C.) 1974
Page, Jake, und Page, Susanne: *Hopi.* Harry N. Abrams, New York 1982
Palmer, Eve, und Pitman, Norah: *Trees of South Africa.* A. A. Balkens, Amsterdam 1961
Parker, Ronald B.: *Unergründliche Tiefen. Essays zur Erdgeschichte.* Birkhäuser, Basel 1987
Pennick, Nigel: *Das kleine Handbuch der angewandten Geomantie.* Neue Erde, Saarbrücken 1985
Pfeiffer, John E.: *The Emergence of Man.* Harper & Row, New York 1969
Phallic Tree Worship. Bharat-Bharati, Varanasi, Indien, 1971
Philpot, J. H.: *The Sacred Tree or The Tree in Religion and Myth.* Macmillan, London 1897
Piggott, Juliet: *Japanese Mythology.* Peter Bedrick Books, New York 1983
Radice, Betty: *Who's Who in the Ancient World.* Penguin, Baltimore 1973
Rajaonah, Voahongy: „The Sacred Trees of Madagascar." *UNESCO Courier Magazine*, Mai 1990
Die Redaktion der Time-Life Bücher:
Japan (Länder der Erde). Time-Life Bücher, Amsterdam 1985
Mystische Stätten (Geheimnisse des Unbekannten). Time-Life Bücher, Amsterdam 1988
Reich, Wilhelm: *Äther, Gott und Teufel.* Nexus, Frankfurt/Main 1983
Ricciuti, Edward R.: *The Devil's Garden: Facts and Folklore of Perilous Plants.* Walker, New York 1978
Richardson, P. Mick: *Flowering Plants: The Encyclopedia of Psychoactive Drugs.* Chelsea House, New York 1986
Rossbach, Sarah:
Die Zukunft bauen. Feng-Shui und ökologische Landschaftsgestaltung. Droemer Knaur, München 1990
Wohnen ist Leben. Feng-Shui und harmonische Raumgestaltung. Droemer Knaur, München 1989
Russell, Peter: *The Global Brain.* J. P. Tarcher, Los Angeles 1983
Scott, Donald: *The Psychology of Fire.* Charles Scribner's Sons, New York 1974
Sen Gupta, Sankar: *Sacred Trees across Cultures and Nations.* Indian Publications, Kalkutta 1980
Service, Alastair, und Bradbery, Jean: *A Guide to the Megaliths of Europe.* Granada, London 1979
Sharkey, John: *Celtic Mysteries: The Ancient Religion.* Thames and Hudson, London 1979
Sheldrake, Rupert:
The Presence of the Past. Times Books, New York 1988
„Rupert Sheldrake's Hidden Force." *Science Digest*, Oktober 1981
Das schöpferische Universum. Goldmann, München 1987
Die Theorie des morphogenetischen Feldes. Goldmann, München 1987
Shepherd, A. P.: *Ein Wissenschaftler des Unsichtbaren. Leben und Werk Rudolf Steiners.* Mellinger, Stuttgart 1977
Simpson, Jacqueline: *European Mythology.* Peter Bedrick Books, New York 1987
Sjöö, Monica, und Mor, Barbara: *The Great Cosmic Mother.* Harper & Row, San Francisco 1987
Spangler, David: *Emergence: The Rebirth of the Sacred.* Dell, New York 1984
Spencer, Baldwin, und Gillen, F. J.: *The Arunta: A Study of a Stone Age People.* Macmillan, London 1927
Starr, Douglas: „Artificial Intelligence." *Omni*, September 1990
Stirling, Matthew W.: „Indian Tribes of Pueblo Land." *National Geographic*, November 1940
Sutphen, Dick: *Sedona: Psychic Energy Vortexes.* Hrsg. v. Dawn Abbey. Valley of the Sun, Malibu (Kalifornien) 1986
Swan, Jim: „Sacred Places: Can Traditional Wisdom and Science Support Each Other?" *Shaman's Drum*, Winter 1986–1987
Temple, Robert K. G.: *China: Land of Discovery.* Patrick Stephens, Wellingborough, England, 1986
Thomas, Keith: *Man and the Natural World.* Pantheon Books, New York 1983
Thompson, William Irwin (Hrsg.): *GAIA: A Way of Knowing.* Lindisfarne Press, Barrington (Massachusetts) 1987
Tompkins, Peter, und Bird, Christopher:
Das geheime Leben der Pflanzen. Otto Reichl, Swisstal-Buschhoven, 1988
Die Geheimnisse der guten Erde. Scherz, München 1989
Vitaliano, Dorothy B.: *Legends of the Earth.* Indiana University Press, Bloomington (Indiana) 1973
Vittachi, Anuradha: *Earth Conference One.* Shambala, Boston 1989
Walters, Derek:
Chinese Geomancy. Element Books, Dorset, England 1989
Feng Shui. Kunst und Praxis der chinesischen Geomantie. M+T, Chur 1990
Waltham, A. C.: *The World of Caves.* G. P. Putnam's Sons, New York 1976
Waters, Frank: *Das Buch der Hopi.* Diederichs, München 1989
Watson, Lyall: *Der unbewußte Mensch. Gezeiten des Lebens – Ursprung des Wissens – Lifetide.* mvg, München 1989
Weiner, Jonathan: *Planet Erde. Schicksal und Zukunft der Erde.* Droemer Knaur, München 1989
Williamson, Hugh Ross: *The Flowering Hawthorn.* Hawthorn Books, New York 1962
Winkless, Nels, III, und Browning, Iben: *Climate and the Affairs of Men.* Harper's Magazine Press, New York 1975
Yang Jwing-Ming: *Chi King: Health & Martial Arts.* Yang's Martial Arts Association, Jamaica Plain (Massachusetts) 1987

QUELLENNACHWEIS DER ABBILDUNGEN

Abbildungen von links nach rechts sind durch Semikolon, solche von oben nach unten durch Gedankenstrich getrennt.

Einband: Illustration von Bryan Leister. 6, 7: Frederick C. Taylor, Andover, Hants, England. 8, 9: Aus *Circular Evidence* von Pat Delgado und Colin Andrews, Bloomsbury, London 1989. 10, 11: Frederick C. Taylor, Andover, Hants, England. 12, 13: Aus *Circular Evidence* von Pat Delgado und Colin Andrews, Bloomsbury, London 1989. 14, 15: D. Hudson/Sygma. 17: Will Williams, Stansbury, Ronsaville, Wood, Inc. 18: York-shire Television, Leeds, England. 20: The British Library, London – Frederick C. Taylor, Andover, Hants, England. 21: Aus *Fortean Times #53;* aus *Circles from the Sky*, hrsg. v. George Terence Meaden, Souvenir Press, London 1991 – aus *Circular Evidence* von Pat Delgado und Colin Andrews, Bloomsbury, London 1989. 22: Adam Woolfitt, Susan Griggs Agency, London. 23: Yanki, mit frdl. Genehmigung des Museums für Anatolische Kultur, Ankara, Türkei. 25: J. Zuckerman/Westlight. 26, 27: Nimatallah/Ricciarini, Mailand. 28: Galen Rowell/Mountain Light, Albany, Kalifornien. 30: Mick Sharp, Caernarvon, Gwynedd, Wales. 31–33: Homer Sykes, London. 34: R. Ian Lloyd, Singapur. 35: Leong Ka Tai, Hongkong. 37: F. C. Tyler; Hereford and Worcester County Library, Hereford, England. 39: Jerry Jacka, Phoenix (Detail von Seite 49.) 40, 41: Kurt Kummels/Superstock. 42: Terry E. Eiler, *Mugwump*. 43: Jerry Jacka, Phoenix. 44, 45: David Meunch, Santa Barbara, Kalifornien. 46, 47: Art Kane, Pasadena, Kalifornien. 48, 49: Jerry Jacka, Phoenix. 51: Will Williams, Stansbury, Ronsaville, Wood, Inc. 53: Anthony Suau/Black Star. 55: Smithsonian Institution Photo No. 79–14705. 56, 57: Taikichi Irie, Präfektur Nara, Japan. 60, 61: The Earthquake Research Institute of the University of Tokyo, Tokyo; Jim Mendenhall © National Geographic Society. 62: Humberto N. Serra, Rom, mit frdl. Genehmigung der Biblioteca Angelica, Rom. 63: Paul Chesley/Photographers Aspen. 65: Tom Bean, Flagstaff, Arizona; Dick Canby, Sedona, Arizona. 68, 69: Philip Griffiths/Magnum. 71: Superstock. 72, 73: George Silk für *Life*. 74: Allen Kennedy/Janet und Colin Bord/Wales. 75: Bates Littlehales © 1961 National Geographic Society. 78, 79: Judy Canty/Stock-Boston. 80, 81: Kevin Schafer/Peter Arnold Inc. 82: G. Ziesler/Peter Arnold Inc. 83: David Hiser/Photographers Aspen. 84, 85: Stephen J. Krasemann/Peter Arnold Inc. 86, 87: David Meunch, Santa Barbara, Kalifornien. 89: Will Williams, Stansbury, Ronsaville, Wood, Inc. 90: Aus *The Arunta* von Baldwin Spencer und F. J. Gillen, Macmillan, London 1927. 91: Paul Broadhurst, Launceton, Cornwall, England. 92: R. Berriedale-Johnson/Panos Pictures, London. 93: D. Laine-Hoa-Qui, Paris. 94: Richard Lannoy, aus *The Tree of Life* von Roger Cook, Avon Books, New York 1974. 95: Reinhard Eisele, Augsburg. 96: ET Archive, London. 97: The British Library, London. 98: Zigy Kaluzny/Gamma Liaison UP 17. Juli 1989, Seite 116–117, 541–PL. 100: *Botanical Magazine*, LXXIII 1847, T. 4296. 101: Aus *Bizarre Plants* von William A. Emboden, Macmillan, New York 1974. 102: Michael Holford, Loughton (Essex), England. 103: Homer Sykes, London. 104: Tuskegee University Archives. 106: Yong's Martial Arts Association, Jamaica Plain (Massachusetts); aus *The Illustrated Encyclopedia of Trees* von Herbert Edlin und Maurice Nimmo, Harmony Books, 1978. 109: Backster Research Foundation, San Diego. 110, 111: George Crouter, Denver. 113: Aus *Chinese Geomancy* von Derek Walters, Element Books, Dorset, England, 1989 – Fred Holz, aus *Empires Ascendant* (Time Frame Series) von der Redaktion der Time-Life Books, Alexandria (Virginia) 1987. 114–117: Yvonne Gensurowsky. 119: Will Williams, Stansbury, Ronsaville, Wood, Inc. 121: Terry Smith für *People*, 25. Dezember 1989. 122, 123: Matt McMullen. 125: Dr. H. Preuschoft, Bochum. 126: Syndication International, London. 127: Aus *Ether, God and Devil* von Wilhelm Reich, Farrar, Straus and Giroux, New York 1973. 128, 129: Mit frdl. Genehmigung Harper & Row aus *Secrets of the Soil* von Peter Tompkins und Christopher Bird, New York 1989. 132: R. Ian Lloyd, Singapur. 134, 135: Aus *The Findhorn Garden* von The Findhorn Community, Harper & Row, New York 1975. 136: Chazz Sutphen.

REGISTER

Kursiv gesetzte Seitenzahlen verweisen auf eine Abbildung zu dem entsprechenden Stichwort

T

U

V

W

Y

Z

TIME-LIFE BÜCHER

GEHEIMNISSE DES UNBEKANNTEN

Hilfreiche Unterstützung leisteten ebenfalls: Angelika Lemmer (Bonn); Bing Wong (Hongkong); Judy Aspinall, Lesley Coleman (London); Meenakshi Ganguly, Deepak Puri (New Delhi); Elizabeth Brown (New York); Ann Wise (Rom); Mieko Ikeda, Winston Priest (Tokio)

Aus dem Englischen übertragen von Margarethe Tesch

Berater:
Marcello Truzzi, Professor für Soziologie an der Eastern Michigan University, ist auch der Leiter des Center for Scientific Anomalies Research (CSAR) und Herausgeber von dessen Zeitschrift *Zetetic Scholar*. Dr. Truzzi, der sich bezüglich des Paranormalen als „konstruktiver Skeptiker" bezeichnet, bemüht sich über das CSAR um Dialoge zwischen Kritikern und Verfechtern ungewöhnlicher wissenschaftlicher Thesen.

John Allee, ein Spezialist für taoistische Überlieferungen, lehrt chinesische Philosophie und Medizin. Er ist Mitglied des Oregon College of Oriental Medicine und hält Vorlesungen an der Portland State University. Zur Zeit bereitet Dr. Allee ein Buch über chinesische Wege zu einem langen Leben vor.

Dieser Band gehört zu einer Reihe, die sich mit rätselhaften Phänomenen befaßt, für die die Wissenschaft bis heute keine schlüssigen Erklärungen gefunden hat.

Lizenzausgabe für den ECO Verlag GmbH, Köln
Eltville/Rhein, 1999

ISBN 3 933468 84 1

Farbreproduktionen: Liberty Engraving Co., Chicago, USA
Satz: Utesch Satztechnik GmbH, Hamburg
Druck und Einband: Artes Gráficas Toledo, S.A.
D.L.TO: 351-1999